Hermann Gschwendtner

Schaltalgebra

für Fachschulen Technik

Mit 83 Abbildungen

Vieweg

Viewegs Fachbücher der Technik

Hermann Gschwendtner ist Studiendirektor an der Wilhelm-Maybach-Schule (Gewerbliche Berufs- und Fachschule) in Stuttgart-Bad Cannstatt.

1977

Softcover reprint of the hardcover 1st edition 1977

Satz: Friedr. Vieweg & Sohn, Braunschweig

ISBN 978-3-528-04037-6 ISBN 978-3-322-86204-4 (eBook)
DOI 10.1007/978-3-322-86204-4

Vorwort

Die Entwicklung der modernen Technik hat dazu geführt, daß sich nicht nur Mathematiker, sondern auch Techniker in verstärktem Maße mit der Schaltalgebra befassen.

Grundkenntnisse in Schaltalgebra fördern das Verständnis für Elektrotechnik, Steuerungs- und Regeltechnik, Datenverarbeitung.

Das vorliegende Büchlein entstand aus mehrjähriger Arbeit mit Technikern des Maschinenbaus. Damit sind auch seine besonderen Merkmale begründet.

Soweit irgendwie möglich, wird der Weg der Anschauung beschritten:

Erst das Beispiel, dann die theoretische Verallgemeinerung, dann die Übung und Anwendung.

Sehr wertvoll ist die Arbeit mit einem Lehrgerät (z. B. Leybold-SIMULOG), denn viele Details lernt man am besten durch eigenes Tun.

Rein mathematische Sätze und Formalismen sind in Kapitel 2 zusammengefaßt.

Die Kapitel 1 und 3 sind auch dann mit Erfolg zu bearbeiten, wenn Kapitel 2 zunächst übergangen wird.

Stuttgart-Bad Cannstatt *Hermann Gschwendtner*

Inhaltsverzeichnis

1. Verknüpfungsglieder

1.1. Grundbegriffe

Mit einem Engländer kann man heute noch darüber diskutieren, ob das gute alte Pfund Sterling zu je 20 Schilling oder 240 Pence durch Münzen mit Dezimalteilung ersetzt werden sollte.

Wir Mitteleuropäer halten unsere Zehnerzahlen für das beste und einfachste Zahlensystem, und das mit gutem Grund. Aber es geht uns manchmal wie den Engländern: Angeblich gibt es ein System, das an Einfachheit nicht zu übertreffen ist, weil es statt zehn Ziffern nur noch zwei benötigt.

Wir wollen uns dieses Denken im Zweiersystem am Beispiel eines einfachen Stromkreises veranschaulichen. Der Stromkreis enthält außer der Spannungsquelle nur den Schalter A und die Lampe B (Bild 1).

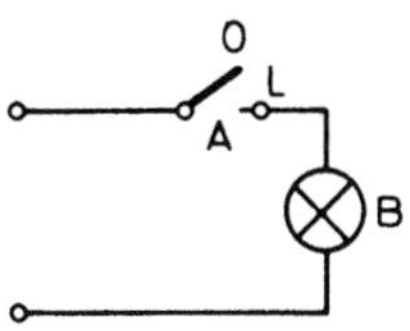

Bild 1

Schalter und Lampe können nur zwei Zustände besitzen: Ein oder aus, hell oder dunkel. Für „Ein" bzw. „Hell" kann man die Ziffer 1 setzen, für „Aus" bzw. „Dunkel" steht dann die Ziffer 0. Dabei hat 1 und 0 nicht mehr die Bedeutung, die wir vom Dezimalsystem her gewohnt sind. Um Verwechslungen zu vermeiden, sind statt 1 und 0 auch andere Bezeichnungen im Gebrauch, z. B. L und O, H und L (von High und Low), P und N (von Positiv und Negativ), aktiv und inaktiv oder wahr und falsch. Allen diesen Bezeichnungen ist gemeinsam, daß sie einen von zwei möglichen Zuständen beschreiben, die sich gegenseitig ausschließen.

Im Beispiel unseres Stromkreises besteht am Schalter A die Möglichkeit, den Zustand der Anlage zu ändern. A ist die unabhängige Zustandsgröße oder die Zustandsvariable. Die Lampe B wird dagegen als abhängige Zustandsgröße oder Zustandsfunktion bezeichnet. Der Zustand bei B hängt vom Zustand bei A ab:

$$b = f_{(a)}$$

Die Art der Abhängigkeit zeigt die Funktionstabelle oder Zuordnungstabelle (Bild 2). In diesem Beispiel gilt offensichtlich: Zustand bei A = Zustand bei B, also a = b.

a	b
L	L
0	0

Bild 2

Als zweites Beispiel erkennen wir in Bild 3 das Schaltbild der Wechselschaltung mit den Schaltern A und B, sowie der Lampe C. Jetzt hängt die Zutandsfunktion c (= Zustand der Lampe) von zwei Variablen (Schaltern) a und b ab:

$$c = f_{(a,\,b)}$$

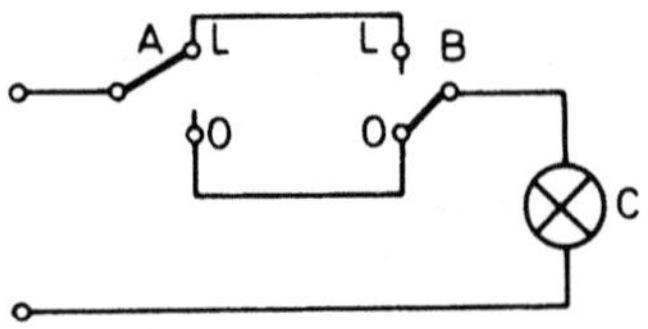

Bild 3

Die Zuordnung von a, b und c ersieht man aus der Funktionstabelle (Bild 4). Es gibt vier verschiedene Möglichkeiten, um die Zustände von a und b zu kombinieren.

a	b	c
L	L	L
L	0	0
0	L	0
0	0	L

Bild 4

Was in diesem Lehrgang am Beispiel elektrischer Stromkreise veranschaulicht wird, gilt genauso für pneumatische, hydraulische oder fluidische Stromkreise und Schaltelemente. Man muß also nicht umlernen, wenn statt eines Schalters im elektrischen Stromkreis anderswo ein Ventil in einem Ölstromkreis verwendet werden soll.

1.1.1. Aufgaben zu Abschnitt 1.1

1.1-1. Wieviel verschiedene Schaltzustände kann eine Zustandsgröße annehmen?

1.1-2. Wie benennt man die verschiedenen Schaltzustände einer Zustandsgröße? (Vier Möglichkeiten!)

1.1-3. Ist im skizzierten Schaltbild c eine Funktion von a? (Bild 5) Begründung!

1.1-4. Erstellen Sie die Funktionstabelle zu Bild 5.

a	b	c
L		
0		

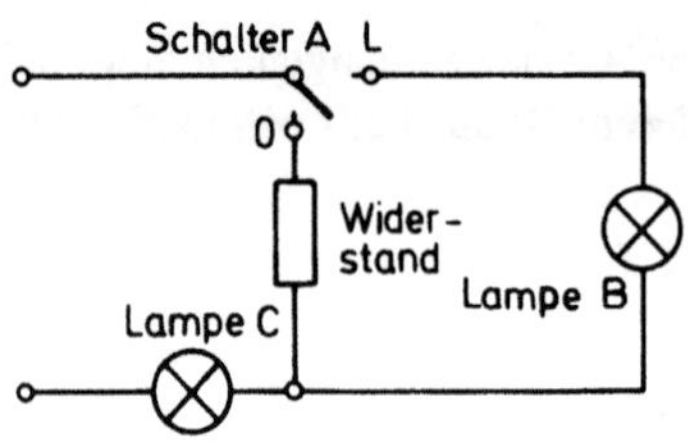

Bild 5

1.2. Grundschaltungen

1.2.1. Die UND-Schaltung

Eine Exzenterpresse wird von Hand beschickt, und das fertige Tiefziehteil wird von Hand dem Ziehwerkzeug entnommen. Um Unfälle zu vermeiden, darf die Presse nur arbeiten, wenn die Bedienungsperson beide Hände aus dem Gefahrenbereich des Werkzeugs genommen hat. Diese Forderung kann man durch die Zweihand-Einrückung der Presse erfüllen. Nur wenn gleichzeitig zwei Knöpfe oder Hebel betätigt werden, arbeitet die Presse.

Derselbe Gedanke wird durch den elektrischen Stromkreis in Bild 6 veranschaulicht. Die Lampe C brennt nur, wenn die Schalter A und B gleichzeitig geschlossen sind. c ist wie in Bild 3 eine Funktion von a und b, allerdings zeigt ein Blick auf die Funktionstabelle (Bild 7), daß wie erwartet ein anderer Zusammenhang zwischen a, b und c besteht.

$c = a$ und b, oder kürzer

$c = a \wedge b$

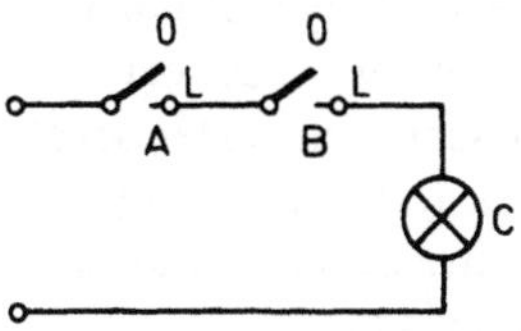

Bild 6

a	b	c
L	L	L
L	0	0
0	L	0
0	0	0

Bild 7

Die Funktion $c = a \wedge b$ wird durch die Reihenschaltung der Variablen (Schalter) A und B dargestellt. Von den vier verschiedenen Kombinationen aus a und b bringt nur eine Kombination die Lampe zum Leuchten.

Auch das Venn-Diagramm der Mengenlehre ist gut geeignet, die Verknüpfung $c = a \wedge b$ wiederzugeben: C ist der Durchschnitt der Menge A und B, also diejenige Teilfläche, die sowohl in der Fläche A als auch in der Fläche B enthalten ist. (Bild 8)

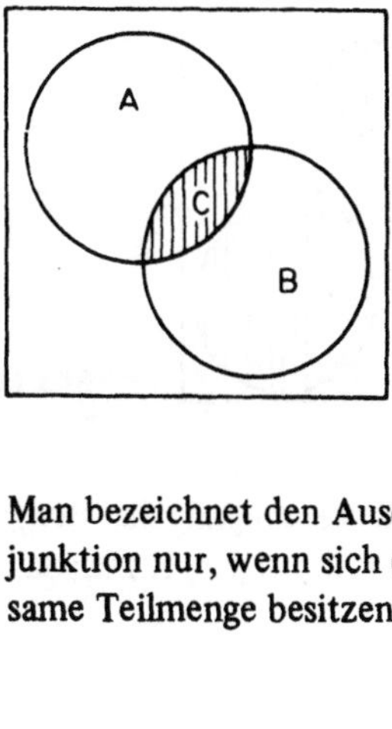

Bild 8

Man bezeichnet den Ausdruck $c = a \wedge b$ auch als Konjunktion. Sinnvoll wird diese Konjunktion nur, wenn sich die Flächen A und B überschneiden. Sie müssen eine gemeinsame Teilmenge besitzen.

1.2.2. Die ODER-Schaltung

Eine Firma will am „Tag der offenen Tür" die Zahl ihrer Besucher feststellen. Man kann den Betrieb durch zwei verschiedene Türen betreten. An jeder Tür befindet sich eine Lichtschranke, die Impulse beider Lichtschranken gelangen zu einem gemeinsamen Zählwerk. Die Anzeige des Zählwerks wird erhöht, wenn durch eine der zwei Türen ein Gast eintritt. Es wäre falsch, wenn das Zählwerk nur bei gleichzeitigem Eintritt je eines Besuchers durch jede der zwei Türen weiterzählen würde.

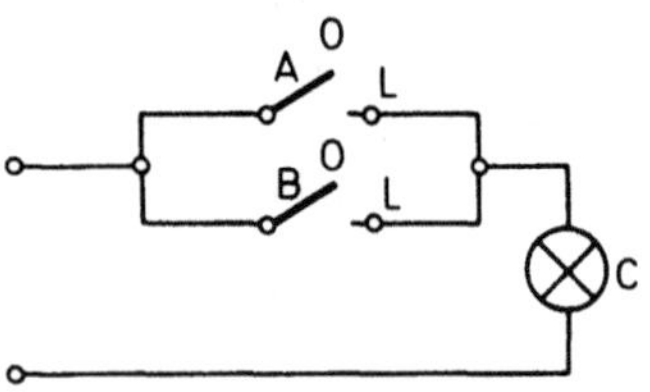

Bild 9

Am Modell des Stromkreises erhalten wir für die eben genannte Bedingung die Parallelschaltung der Variablen A und B (Bild 9). Die Lampe C brennt, wenn entweder der Schalter A oder der Schalter B geschlossen wird. Aber auch nach Schließen beider Schalter brennt die Lampe. Wir haben es also mit dem sogenannten inklusiven Oder zu tun (lateinisch vel). Mit dem exklusiven Oder (Lampe brennt nur bei verschiedenem Zustand von a und b), werden wir uns später befassen (Antivalenz, lateinisch aut).

$$c = a \text{ oder } b$$

$$c = a \vee b$$

Die Zuordnung von a, b und c ist in der Funktionstabelle (Bild 10) dargestellt. Bei drei der vier möglichen Kombinationen von a und b brennt die Lampe.

a	b	c
L	L	L
L	0	L
0	L	L
0	0	0

Bild 10

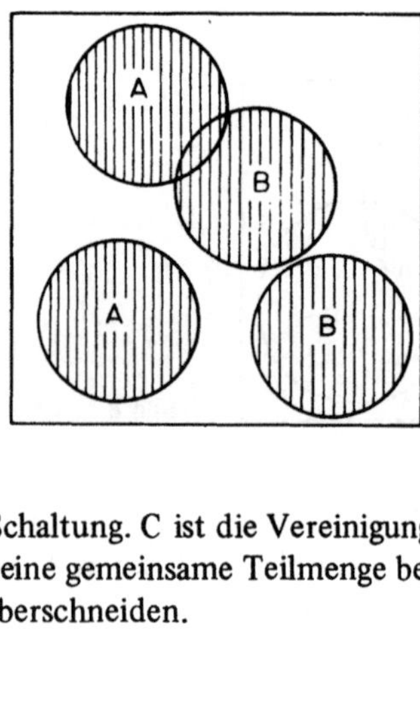

Bild 11

Bild 11 zeigt das Venn-Diagramm für die Oder-Schaltung. C ist die Vereinigung der Menge A und B. Es ist nicht notwendig, daß A und B eine gemeinsame Teilmenge besitzen; das heißt, die Flächen A und B müssen sich nicht überschneiden.

Leider ist die Verwendung der Zeichen für UND und ODER nicht ganz einheitlich. Man findet ∧ und ∨, ∩ und ∪, neuerdings auch · und +. Wir halten uns hier an die Darstellung, die zur Zeit am weitesten verbreitet ist. Es gibt eine nicht sehr geistreiche, aber sichere Methode, um die Zeichen zu unterscheiden:

Das Symbol für Und ist Unten offen: ∧
Das Symbol für Oder ist Oben offen: ∨

1.2.3. Die Negation

In die Schaufenster vieler Juweliergeschäfte sind feine Drähte eingezogen. Sobald eine Scheibe beschädigt wird, reißt der Draht. Dadurch wird der Stromkreis unterbrochen und eine Alarmvorrichtung eingeschaltet.

In Bild 12 ist ein vergleichbarer Stromkreis dargestellt. Der Schalter A nimmt die Funktion des Drahtes wahr. Abreißen des Drahtes entspricht dem Öffnen des Schalters. Aber genau dann, wenn der Schalter geöffnet wird, soll im Alarmgerät (z. B. Warnlampe C) Strom fließen. Die Zustände von Schalter A und Lampe C sind immer entgegengesetzt.

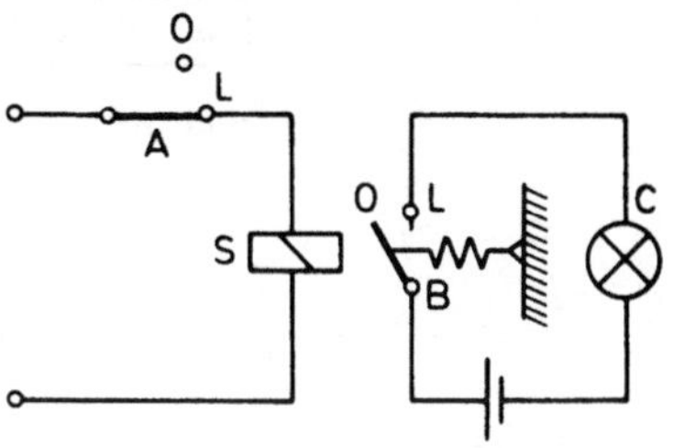

Bild 12

Geschlossener Schalter A – kein Stromfluß in Lampe C, offener Schalter – Stromfluß in der Lampe.

Die Umkehrung des Zustands von A bewirkt die Spule S. Solange sie von Strom durchflossen wird, wirkt sie als Elektromagnet und hält den Schalter B geöffnet. Wenn die Spule S (das Relais) stromlos wird, kann eine Feder den Schalter B schließen.

Bild 13 zeigt die Funktionstabelle für Schalter A, Schalter B und Warnlampe C. Man sieht, daß C immer den entgegengesetzten Zustand von A einnimmt.

$$c = \bar{a}$$

a	b	c
L	0	0
0	L	L

Bild 13

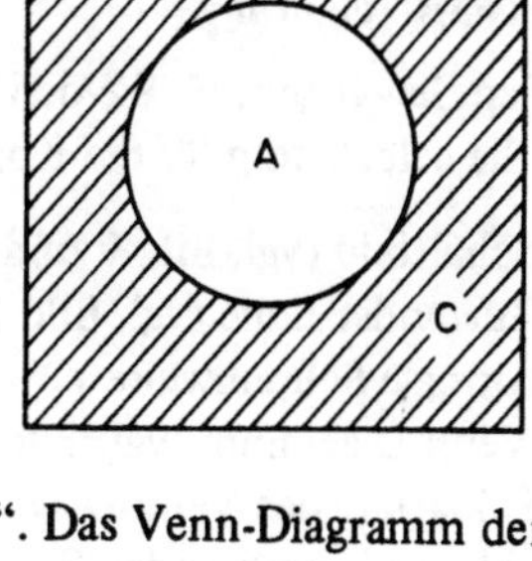

Bild 14

$\bar{a}$ wird gelesen als „a quer“, „a nicht“ oder „a negiert“. Das Venn-Diagramm der Negation zeigt Bild 14. C ist das Komplement der Menge A.

1.2.4. Die NAND-Schaltung

Ein Geschäft mit zwei Schaufenstern benötigt zur Einbruchsicherung keine zwei Warnanlagen. Es genügt, die Drähte beider Scheiben mit einem Relais in Reihe zu schalten (Bild 15). Wir erhalten die UND-Schaltung, kombiniert mit der Negation: NAND (= Not AND).

Aus der Funktionstabelle (Bild 16) ist zu entnehmen, daß bei drei der vier möglichen Kombinationen von a und b die Warnlampe C brennt. Der Zustand von C ist jetzt genau umgekehrt wie bei Bild 7 (UND-Schaltung).

$$c = \overline{(a \wedge b)}$$

c ist die Negation von a und b.

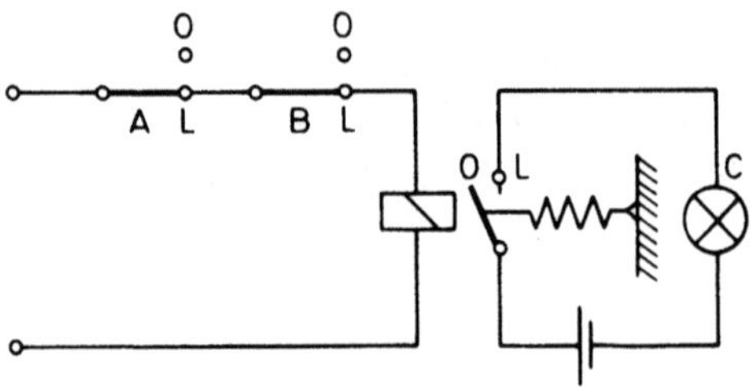

Bild 15

a	b	c
L	L	0
L	0	L
0	L	L
0	0	L

Bild 16

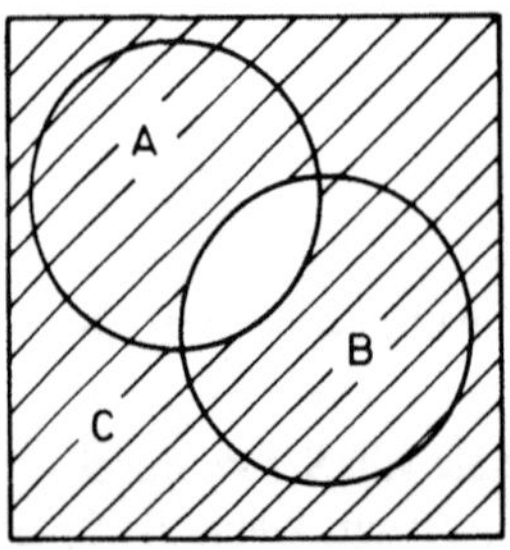

Bild 17

Auch ein Vergleich der Diagramme von Bild 17 und Bild 8 zeigt nochmals die Umkehrung der UND-Funktion: C ist jetzt das Komplement der Schnittmenge (des Durchschnitts) aus A und B.

1.2.5. Die NOR-Schaltung

Sicher wollen Sie wissen, ob Sie den bisher dargestellten Stoff schon beherrschen. Bitte erarbeiten Sie selbständig für die Kombination NOR (Nicht ODER = NOT OR):

Ein Schaltbild (vgl. Bild 9 und 15)
Die Zustandstabelle (vgl. Bild 16)
Die formale Schreibweise c = …
Das Venn-Diagramm (vgl. Bild 17)
Die Erklärung des Venn-Diagramms: C ist …
Eine Musterlösung finden Sie in Abschnitt 6.1

1.2.6. Aufgaben zu Abschnitt 1.2

1.2-1. Welche der folgenden drei Operationen ist im skizzierten Fall *nicht* möglich? (ankreuzen!)

- O Durchschnitt (Konjunktion)
- O Vereinigung (Disjunktion)
- O Komplement (Negation)

Begründung!

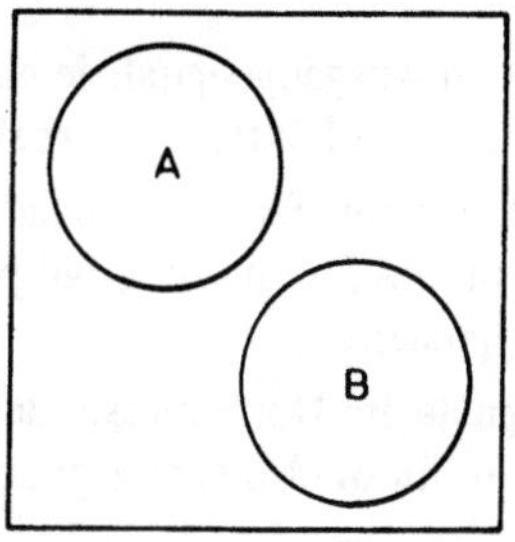

1.2-2. Ergänzen Sie folgende Tabelle.

Schaltbild	Schreibweise	Benennung	Darstellung
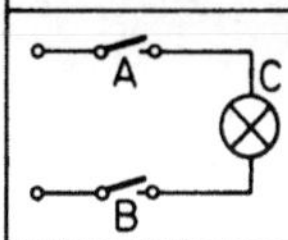			
		Vereinigung Disjunktion	
			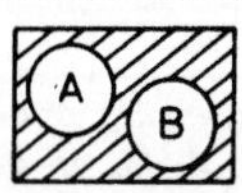
	$c = (\overline{a \wedge b})$		

1.3. Einfache Schaltungen mit Verknüpfungsgliedern

1.3.1. Symbolische Darstellungen

Zur Veranschaulichung der logischen Verknüpfungen bedienten wir uns bisher elektrischer Schaltpläne mit Schaltern, Relais und Lampen.

Da die Gesetze der Schaltalgebra aber von technischen Details (Schalter, Ventil, Relais, Transistor) unabhängig sind, benützt man einfache Symbole.

Als Grundform dieser Symbole dient der Halbkreis. Die Eingangssignale (Zustandsvariablen) führt man auf den Durchmesser des Halbkreises (gerade Linie). Die Ausgangssignale (Zustandsfunktionen) zeichnet man vom Kreisbogen weg.

Bisher arbeiteten wir nur mit zwei Eingangssignalen und einem Ausgangssignal. Je nach Bedarf kann man aber auch mehr als 2 Signale in einem Schaltglied (Gatter) verarbeiten.

Die Negation eines Schaltzustands stellt man durch einen Punkt dar. Sowohl Eingangs- als auch Ausgangssignale können negiert werden. Beim Zeichnen und Lesen von Logikplänen muß man darauf achten, daß man keinen Negationspunkt übersieht.

Bei der UND-Funktion enden die Linien für die Eingangssignale am Durchmesser des UND-Symbols. Bei der ODER-Funktion zieht man die Linien für die Eingangssignale bis zum Kreisbogen des ODER-Symbols durch.

Beispiele für die symbolische Darstellung von Verknüpfungsgliedern finden Sie in Tafel 1.

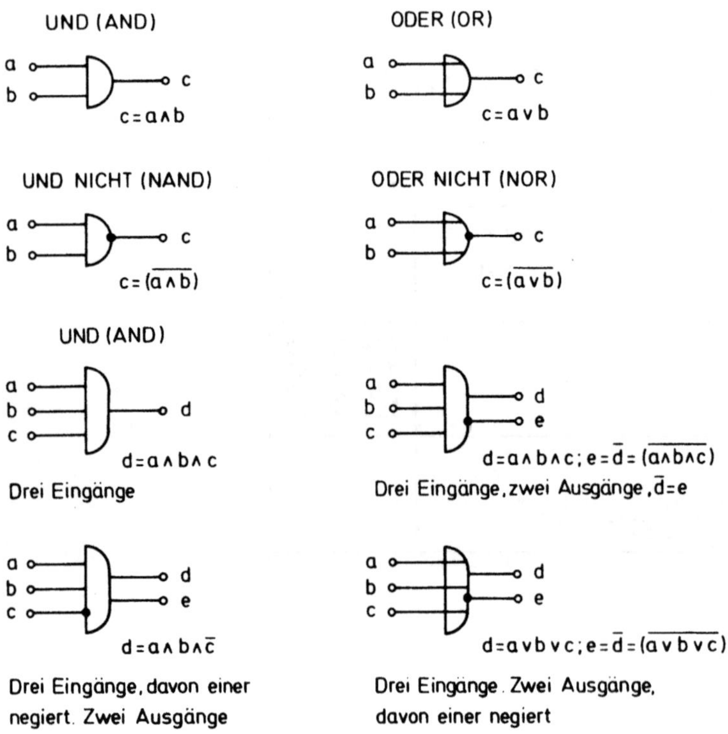

1.3.2. Übersicht über alle möglichen Verknüpfungen zwischen zwei Zustandsvariablen a und b mit der Zustandsfunktion c

Variable		Sinnbild	Funktion	Benennung
a b	L L 0 0 L 0 L 0			
Funktion c	0 0 0 0	—	c = 0	Nullfunktion
	0 0 0 L	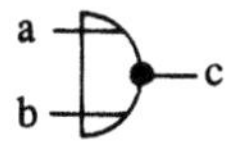	$c = \overline{(a \vee b)}$	NOR
	0 0 L 0	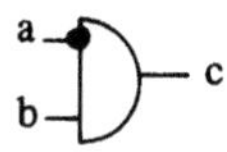	$c = \bar{a} \wedge b$	Inhibition (Sperr-UND)
	0 0 L L	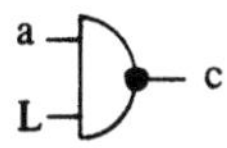	$c = \bar{a}$	Negation
	0 L 0 0	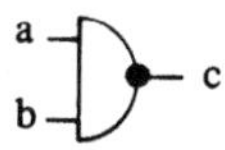	$c = a \wedge \bar{b}$	Inhibition (Sperr-UND)
	0 L 0 L	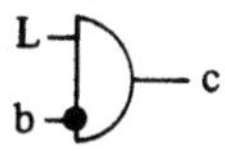	$c = \bar{b}$	Negation
	0 L L 0	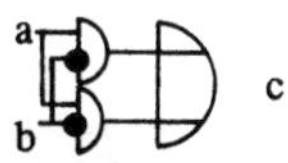	$c = (a \wedge \bar{b}) \vee (\bar{a} \wedge b)$	Antivalenz ($a = \bar{b}$) Exklusives ODER
	0 L L L		$c = \overline{(a \wedge b)}$	NAND
	L 0 0 0	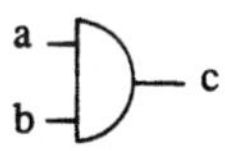	$c = a \wedge b$	AND
	L 0 0 L	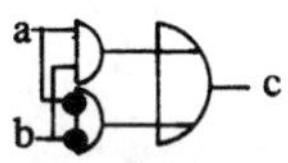	$c = (a \wedge b) \vee (\bar{a} \wedge \bar{b})$	Äquivalenz (a = b)
	L 0 L 0	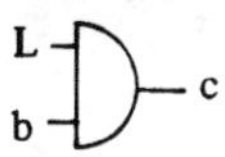	c = b	Identität
	L 0 L L		$c = \bar{a} \vee b$	Implikation
	L L 0 0	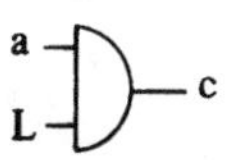	c = a	Identität
	L L 0 L	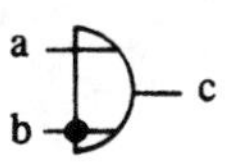	$c = a \vee \bar{b}$	Implikation
	L L L 0		$c = a \vee b$	OR (Inklusives ODER)
	L L L L	—	c = L	Einsfunktion, Konstanz

1.3.3. Grundübungen

Im folgenden Beispiel soll der Umgang mit den Verknüpfungsgliedern geübt werden. Zur Veranschaulichung dienen Fotos des SIMULOG-Lehrgeräts. Selbstverständlich kann man das Übungsbeispiel auch mit anderen Geräten aufbauen.

Man steckt die Bausteine (Gatter) auf eine Grundplatte, die über einen Taktgeber und ein Netzgerät mit Niederspannung versorgt wird. Allein durch das Aufstecken werden alle Eingänge des betreffenden Gatters mit L-Signal belegt.

Der Zustand am Ausgang des Gatters wird rechts unten durch eine Lampe angezeigt. Brennende Lampe bedeutet L-Signal.

Links unten kann man an einer zweiten Buchse die Negation des Ausgangssignals abnehmen (Bild 18). Anschlußpunkte bezeichnen wir mit Großbuchstaben (A, B, C), die Zustandswerte an diesen Punkten bezeichnen wir mit den zugehörigen Kleinbuchstaben (a, b, c).

1. Zwei Eingänge des UND-Bausteins I werden mit 0-Signal von Ausgang II belegt (Bild 19). Die Lampe von I erlischt, weil beim UND-Glied alle Eingänge L-Signale führen müssen, damit am Ausgang L-Signal erscheint.
2. Zwei Eingänge des ODER-Bausteins III werden mit 0-Signal von Ausgang II belegt (Bild 20). Die Lampe bei B leuchtet auf, weil der freie Eingang von Gatter III ein L-Signal von der Grundplatte erhält.

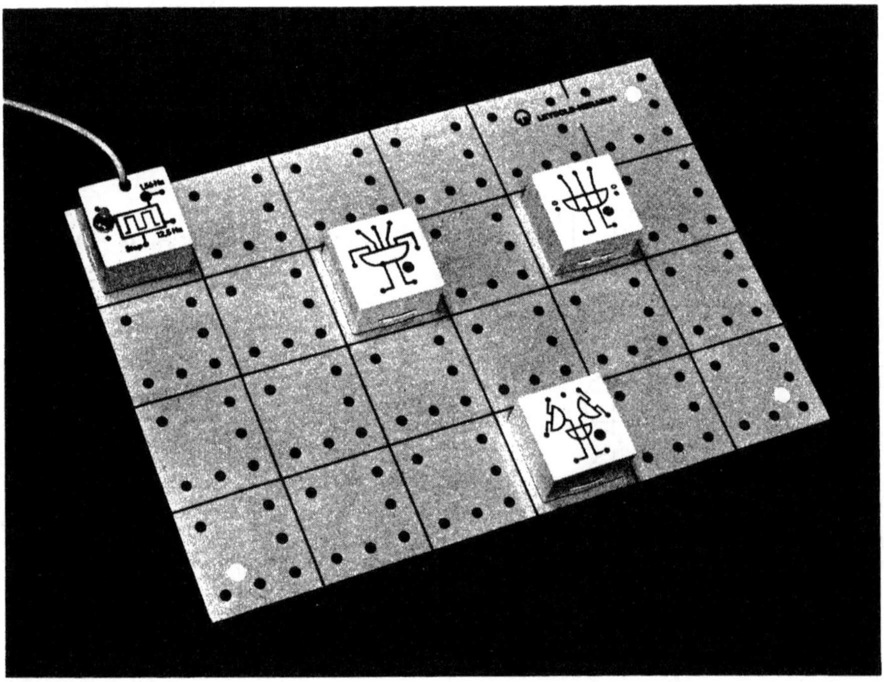

Bild 18. (LEYBOLD-HERAEUS, Köln)

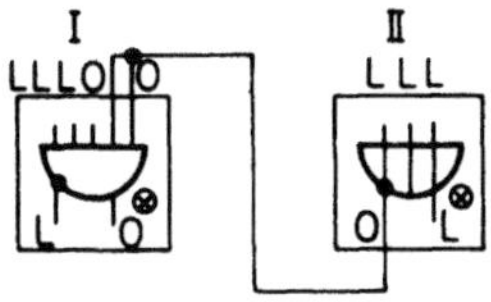

Bild 19

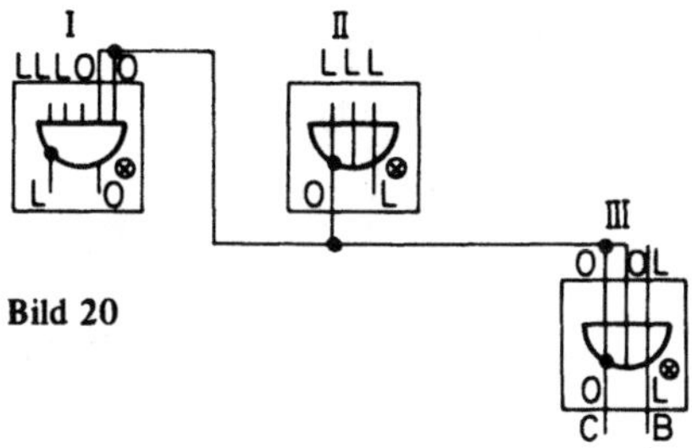

Bild 20

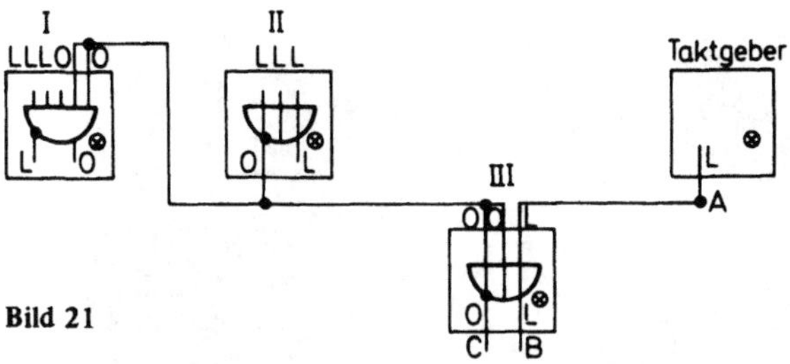

Bild 21

3. Der Ausgang A des Taktgebers wird mit dem freien Eingang von Gatter III verbunden (Bild 21). A führt L- und 0-Signal im automatischen Wechsel. Wenn der Ausgang A ein L-Signal führt, ergibt sich für A, B und C die angeschriebene Verteilung der Zustandsgrößen L und 0. (Bild 22a und b)
   a) Ergänzen Sie in Bild 22a die fehlenden Zustandsbezeichnungen (L oder 0) bei Gatter III für den Fall, daß der Ausgang A ein 0-Signal führt. (Musterlösung Abschnitt 6.2)

a	b	$c = \bar{b}$
L		
0		

   b) Füllen Sie die leeren Felder der Zustandstabelle aus.
   c) Wie heißt die Funktion, die für die vorliegende Schaltung den Zusammenhang von a und c beschreibt? (Vgl. Abschnitt 1.32)
4. Wir bringen auf der Grundplatte noch das UND-Gatter IV an und verbinden Ausgang C mit Eingang D, sowie Ausgang A mit Eingang F. (Bild 23).
   a) Ergänzen Sie in Bild 24 die fehlenden Zustandsbezeichnungen (L oder 0) für den Fall, daß Ausgang A ein 0-Signal führt.
   b) Füllen Sie die leeren Felder der Zuordnungstabelle aus. (Musterlösung s. Abschnitt 6.2)

a = f	b	$\bar{b}$ = c = d	e
L			
0			

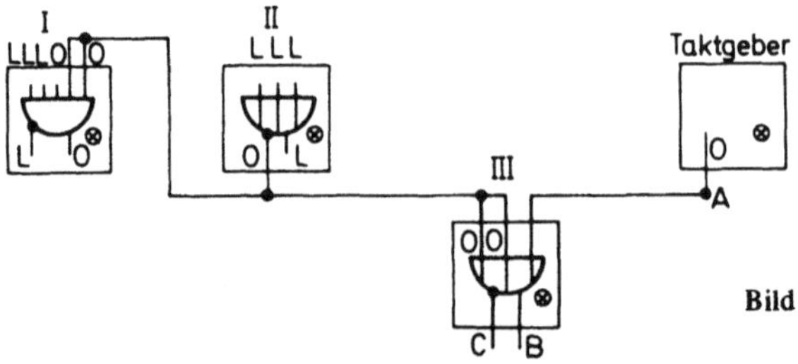

Bild 22a

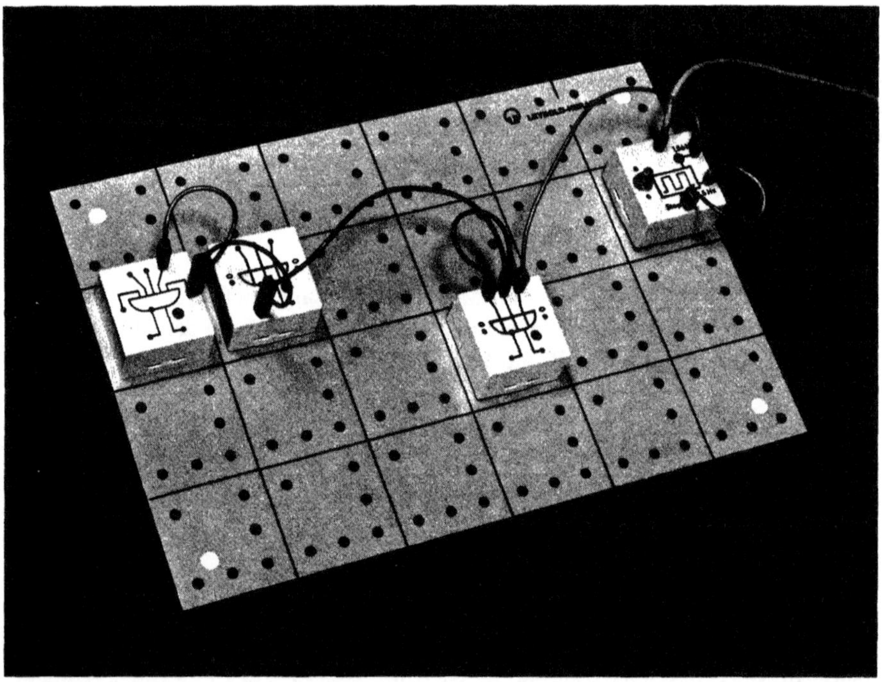

Bild 22b. (LEYBOLD-HERAEUS, Köln)

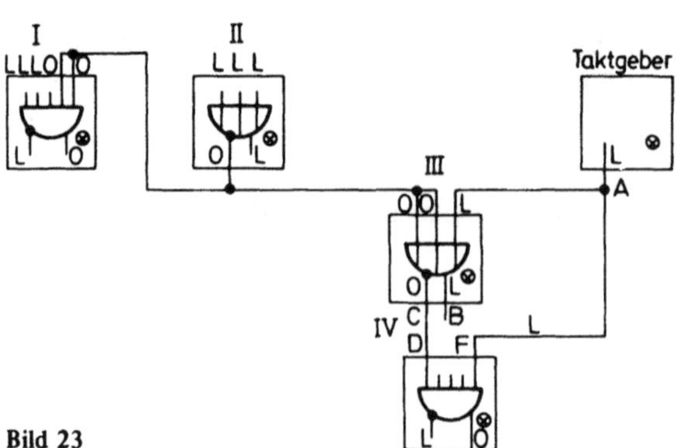

Bild 23

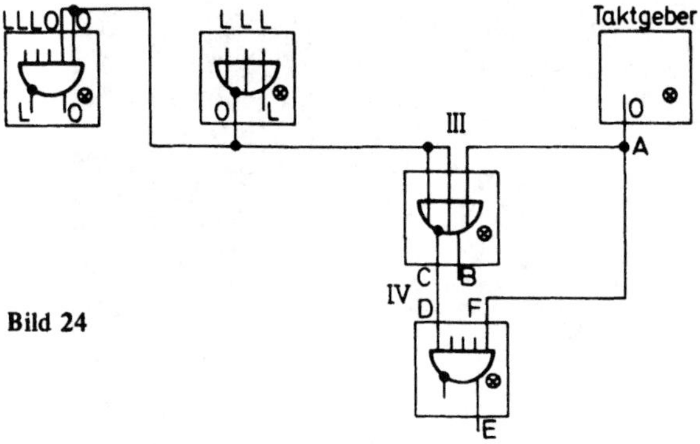

Bild 24

Wenn Sie die Schaltung richtig durchdacht haben, stellen Sie fest, daß e immer den Wert 0 einnimmt. In der Zuordnungstabelle von Übung 4b) steht für e zweimal das Nullsignal. Man kann dieses Ergebnis auch theoretisch begründen.

Es gilt:

Gleichung 1: $e = a \wedge \bar{b}$ (Gatter IV)

Gleichung 2: $b = a \vee 0 = a$ (Gatter III)

Gleichung 3: wenn $b = a$ ist, dann ist auch $\bar{b} = \bar{a}$ (Vgl. Übung 3b)). Nach Einsetzen von Gleichung 3 in Gleichung 1 erhält man $e = a \wedge \bar{a}$. Da a und $\bar{a}$ nicht gleichzeitig L-Signal führen können, ist $a \wedge \bar{a}$ in jedem Fall = 0:

$$e = a \wedge \bar{a} \equiv 0$$

1.3.4. Die Kombination mehrerer Verknüpfungsglieder

Bei umfangreicheren Problemen tritt häufig die logische Schaltung

$$e = (a \wedge b) \vee (c \wedge d)$$

auf. (Bild 25). Es gibt $2 \cdot 2 \cdot 2 \cdot 2 = 2^4 = 16$ verschiedene Möglichkeiten zur Kombination der Werte a, b, c, d. Die Werte für e sind aus der Zuordnungstabelle Bild 26 zu ersehen.

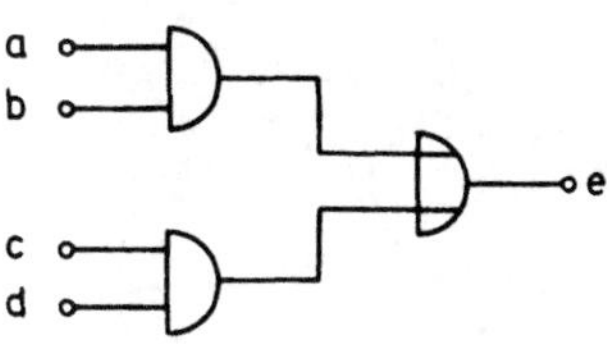

Bild 25

a	b	c	d	e
L	L	L	L	L
L	L	L	0	L
L	L	0	L	L
L	L	0	0	L
L	0	L	L	L
L	0	L	0	0
L	0	0	L	0
L	0	0	0	0
0	L	L	L	L
0	L	L	0	0
0	L	0	L	0
0	L	0	0	0
0	0	L	L	L
0	0	L	0	0
0	0	0	L	0
0	0	0	0	0

Bild 26

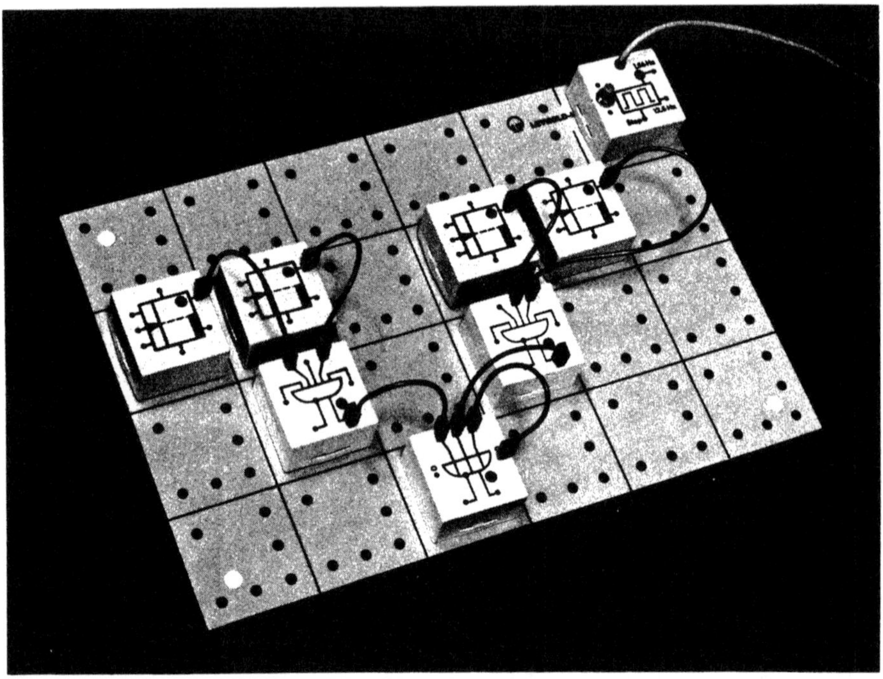

Bild 27. (LEYBOLD-HERAEUS, Köln)

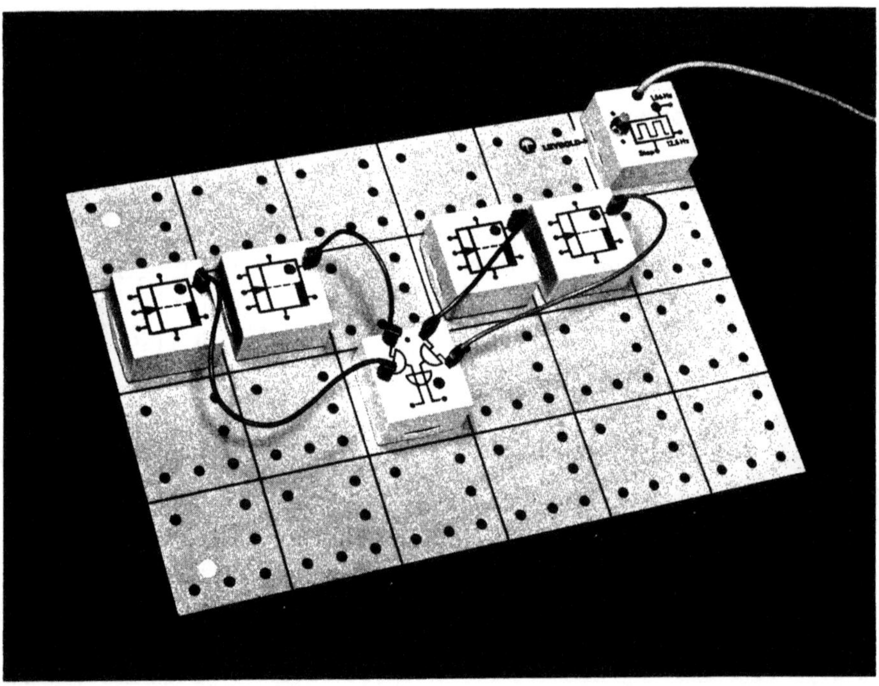

Bild 28. (LEYBOLD-HERAEUS, Köln)

Eine Schaltung wird vereinfacht, wenn man die Kombination zweier UND-Schaltungen mit einer ODER-Schaltung erkennt. Man kann dann fertige Gatter (Kombi-Glieder) verwenden. (Bild 27 und Bild 28)

1.3.5. Darstellung der Grundschaltungen mit NOR-Gliedern

Aus fertigungs- und schaltungstechnischen Gründen kann es vorteilhaft sein, alle Schaltungen nur mit Hilfe einer einzigen Funktion aufzubauen. Dafür verwendet man häufig die NOR-Funktion.

Bild 29 zeigt, wie man nur aus NOR-Gattern die Funktionstabelle der UND-Funktion erstellen kann. In Bild 30 ist der Logikplan und die Zuordnungstabelle für die Darstellung der ODER-Funktion mit Hilfe von NOR-Gliedern dargestellt.

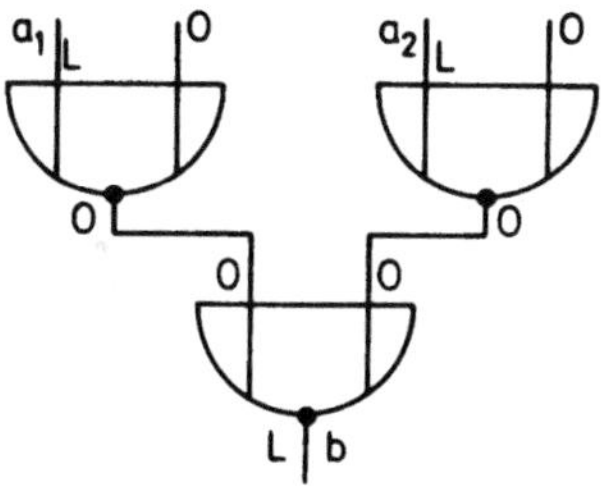

a_1	a_2	b
L	L	L
L	0	0
0	L	0
0	0	0

$b = \overline{\overline{(a_1 \vee 0)} \vee \overline{(a_2 \vee 0)}}$
$= a_1 \wedge a_2$

Bild 29

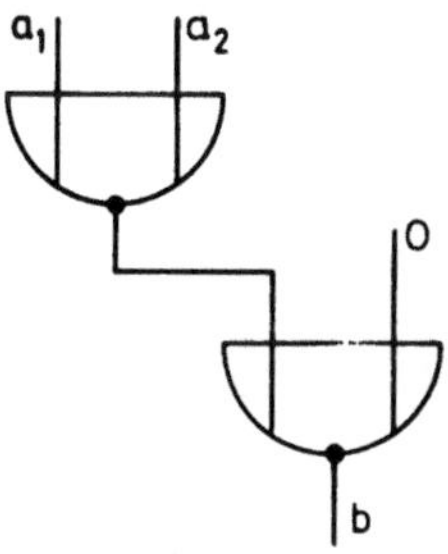

a_1	a_2	b
L	L	L
L	0	L
0	L	L
0	0	0

Bild 30

$b = \overline{\overline{(a_1 \vee a_2)} \vee 0}$
$= a_1 \vee a_2$

1.3.6. Aufgaben zu Abschnitt 1.3

1.3-1. Zwischen zwei Variablen a und b gibt es sechzehn logische Verknüpfungen (Funktionen). Bei welchen vier Funktionen enthält die Zuordnungstabelle einmal den Wert L und dreimal den Wert 0?

1.3-2. Tragen Sie in Bild 31 für a = 0, b = L, c = 0, d = 0 die Zustandswerte der Punkte R, S und T ein.

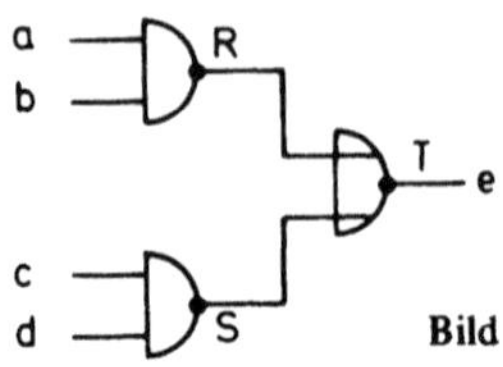

Bild 31

a	b	c	d	r	s	t = e
0	L	0	0			

1.3-3. Erstellen Sie den Logikplan für die Darstellung der NAND-Funktion mit Hilfe von NOR-Gattern.

1.3-4. Erstellen Sie zur Wechselschaltung in Bild 3 und zur Funktionstabelle von Bild 4 die logische Schaltung. Wie bezeichnet man diese Schaltung?

1.3-5. Vergleichen Sie die Funktionstabellen der OR-Funktion und der Antivalenz-Funktion (Bild 33). In welchem Fall unterscheiden sich die beiden Funktionen?

1.4. Umfangreichere Schaltungen mit Verknüpfungsgliedern

1.4.1. Die Antivalenzschaltung

Das Kombiglied von Abschnitt 1.3.4 (Bild 25) wird gemäß Bild 32 so geschaltet, daß je ein Eingangs-Signal der beiden UND-Glieder negiert wird.

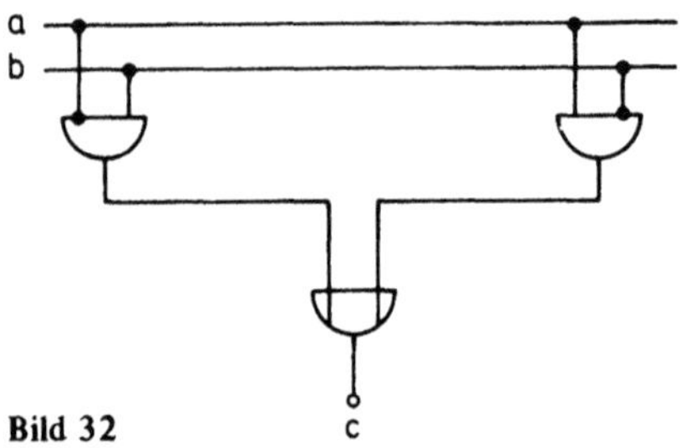

Bild 32

a	b	c
L	L	0
L	0	L
0	L	L
0	0	0

Bild 33

Die Boolesche Gleichung für diese Anordnung lautet

$$c = (a \wedge \overline{b}) \vee (\overline{a} \wedge b)$$

Aus der Zuordnungstabelle (Bild 33), ersieht man, daß am Ausgang a nur dann L-Signal auftritt, wenn entweder a oder b ein L-Signal führt. Im Fall a = b = L liefert die Schaltung ein 0-Signal. Man nennt sie deshalb im Gegensatz zur ODER-Schaltung (inclusives Oder) auch das exclusive Oder.

1.4.2. Die Äquivalenzschaltung

Zu Prüfzwecken benötigt man häufig eine Schaltung, die zwei alphabetische oder numerische Ausdrücke vergleicht. Zwei einstellige Binärzahlen a und b sind gleich, wenn $a = b$ oder $\overline{a} = \overline{b}$:

$$c = (a \wedge b) \vee (\overline{a} \wedge \overline{b})$$

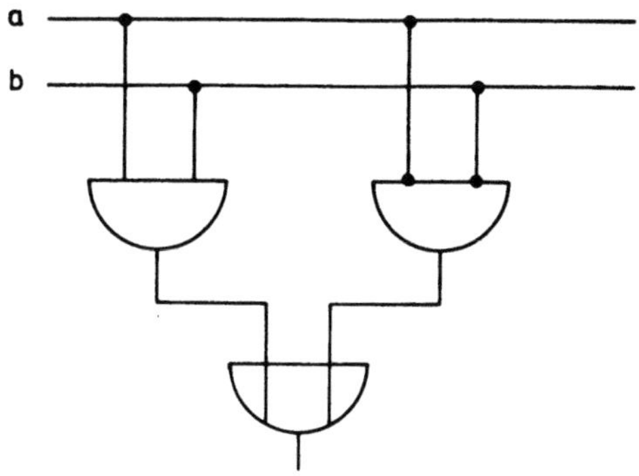

Bild 34

Die zugehörige Schaltung nennt man Vergleicher, Komparator oder Äquivalenzschaltung. (aequus = gleich, valenz = Wert).

Sie ist in Bild 34 dargestellt. Auch diese Schaltung kann man auf einfache Weise mit dem Kombiglied aufbauen.

Die Vergleicherschaltung für zwei dreistellige Binär-Zahlen $a_1\ a_2\ a_3$ und $b_1\ b_2\ b_3$ muß die Gleichung

$$c = [(a_1 \wedge b_1) \vee (\bar{a}_1 \wedge \bar{b}_1)] \wedge [(a_2 \wedge b_2) \vee (\bar{a}_2 \wedge \bar{b}_2)] \wedge [(a_3 \wedge b_3) \vee (\bar{a}_3 \wedge \bar{b}_3)]$$

erfüllen. Die Logik-Schaltung ist in Bild 35 dargestellt. Jede der sechs Binärziffern a_1 bis b_3 kann den Wert 0 oder L annehmen. Es gibt also $2^6 = 64$ Wertekombinationen. Acht davon führen zu c = L. Erstellen Sie eine Zuordnungstabelle nach Bild 36 und tragen Sie diese acht Zahlenkombinationen ein. (Musterlösung s. Abschnitt 6.3)

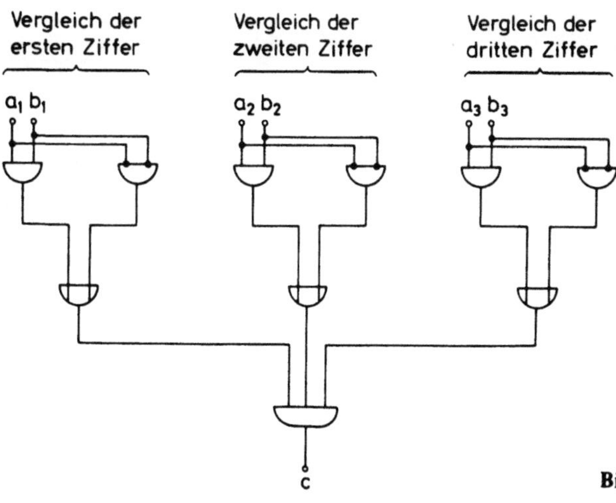

Bild 35

a_1	a_2	a_3	b_1	b_2	b_3	c
						L
						L
						L
						L
						L
						L
						L
						L

Bild 36

1.4.3. Die Gültigkeitsprüfung

Die größte Fehlerquelle beim Arbeiten mit EDV-Anlagen liegt in der Eingabe falscher Daten. Um Fehler beim Erstellen von Datenträgern (z. B. Lochkarten und Lochstreifen) zu erkennen, fügt man der einzugebenden Zahl noch ein Prüfzeichen an.

Zum Prüfen einer vierstelligen Zahl (eines Wortes mit vier bit) hängt man eine fünfte Stelle an (Prüfbit, parity-bit). Wenn die ersten vier bits eine ungerade Zahl von L-Zeichen enthalten, wird das Prüf-bit = L. Somit erhält man für jede Zahl einschließlich Prüf-bit eine Summe von L-Signalen, die geradzahlig sein muß. Dies wird von der EDV-Anlage geprüft.

Wenn ein L durch 0 ersetzt wird, erhält man eine ungerade Quersumme und die Maschine nimmt diese Zahl nicht an.

Eine Zahl mit 4 Stellen kann in Binärdarstellung $2^4 = 16$ verschiedene Werte annehmen. In der Tafel 2 ist zusammengestellt, unter welchen Bedingungen das Prüfbit = L werden muß.

Tafel 2

a_1	a_2	a_3	a_4	p
L	L	L	L	0
L	L	L	0	L
L	L	0	L	L
L	L	0	0	0
L	0	L	L	L
L	0	L	0	0
L	0	0	L	0
L	0	0	0	L
0	L	L	L	L
0	L	L	0	0
0	L	0	L	0
0	L	0	0	L
0	0	L	L	0
0	0	L	0	L
0	0	0	L	L
0	0	0	0	0

Die Gleichung für Prüfbit p = L lautet:

$$p = \{[(a_1 \wedge \bar{a}_2) \vee (\bar{a}_1 \wedge a_2)] \vee \overline{[(a_3 \wedge \bar{a}_4) \vee (\bar{a}_3 \wedge a_4)]}\}$$
$$\vee \{\overline{[(a_1 \wedge \bar{a}_2) \vee (\bar{a}_1 \wedge a_2)]} \vee [(a_3 \wedge \bar{a}_4) \vee (\bar{a}_3 \wedge a_4)]\}$$

Mit drei Kombigliedern kann man diese Schaltung auf einfache Weise aufbauen. (Bild 37a und b).

Falls innerhalb einer Zeile nur zwei Ziffern vertauscht werden (z. B. L 0 L 0 L statt L 0 L L 0), kann man den Fehler durch das Prüfbit der Zeile nicht erkennen. Es wäre in beiden Fällen = L. Man kann jedoch auch die Spalten untereinander stehender Zahlen mit einem Prüfbit versehen, und bei dieser Kontrolle hätten in unserem Beispiel zwei Spalten das falsche Prüfbit..

1.4.4. Der Zahlenvergleich

Eine Äquivalenzschaltung kann nur prüfen, ob zwei Ausdrücke gleich sind. Für Sortieraufgaben ist festzustellen, ob eine Zahl a_1 a_2 größer, kleiner oder gleich ist im Vergleich mit einer Zahl b_1 b_2. Die Funktionstabelle (Tafel 3) stellt dar, in welchen Fällen die zweistellige Binärzahl $A(a_1\ a_2)$ größer, kleiner oder gleich der zweistelligen Binärzahl $B(b_1\ b_2)$ ist.

Beim Aufbau der Logikschaltung kann man verschiedene Wege einschlagen. Wir wollen den bekannten Vergleicher einsetzen und zunächst feststellen, ob A = B ist (vgl. Abschnitt 1.42).

Tafel 3

a_1	a_2	b_1	b_2	A > B	A = B	A < B
L	L	L	L	0	L	0
L	L	L	0	L	0	0
L	L	0	L	L	0	0
L	L	0	0	L	0	0
L	0	L	L	0	0	L
L	0	L	0	0	L	0
L	0	0	L	L	0	0
L	0	0	0	L	0	0
0	L	L	L	0	0	L
0	L	L	0	0	0	L
0	L	0	L	0	L	0
0	L	0	0	L	0	0
0	0	L	L	0	0	L
0	0	L	0	0	0	L
0	0	0	L	0	0	L
0	0	0	0	0	L	0

Der Boolesche Ausdruck für A = B soll f heißen:

$$f = [(a_1 \wedge b_1) \vee (\bar{a}_1 \wedge \bar{b}_1)] \wedge [(a_2 \wedge b_2) \vee (\bar{a}_2 \wedge \bar{b}_2)]$$

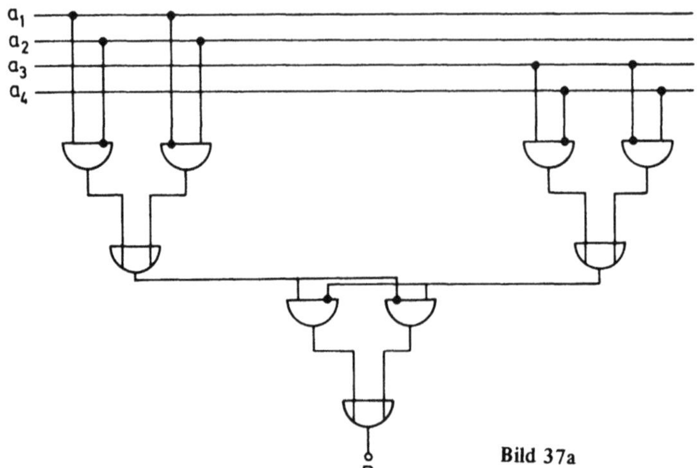

Bild 37a

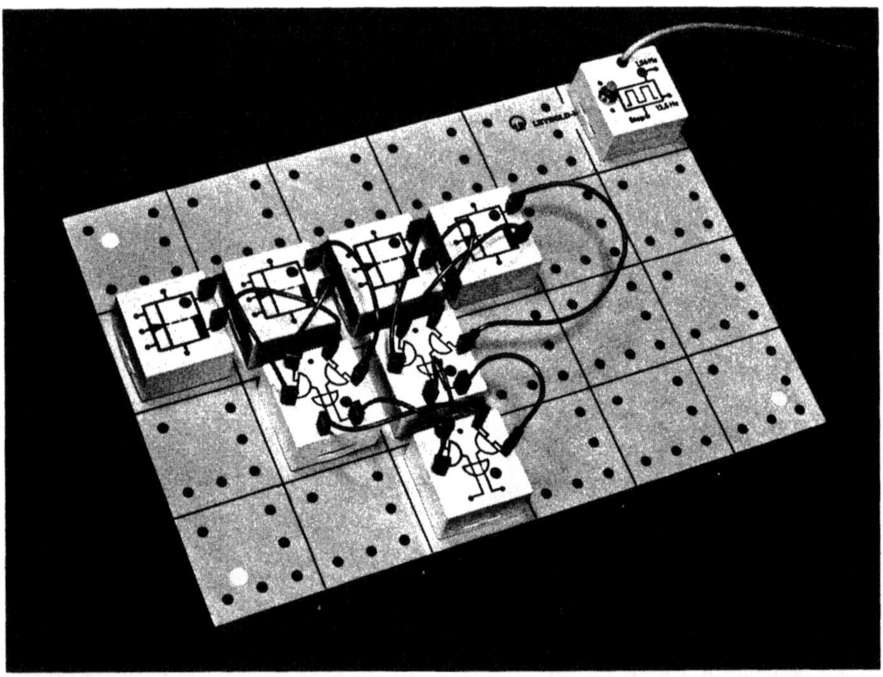

Bild 37b. (LEYBOLD-HERAEUS, Köln)

A ist größer als B, wenn f = 0, also wenn A nicht gleich B ist,

und wenn a_1 und a_2 = L (Zeilen 2, 3, 4 der Tabelle)
oder a_1 = L und b_1 = 0 (Zeilen 7 und 8 der Tabelle)
oder a_2 = L und b_1 = 0 und b_2 = 0 (Zeile 12 der Tabelle)

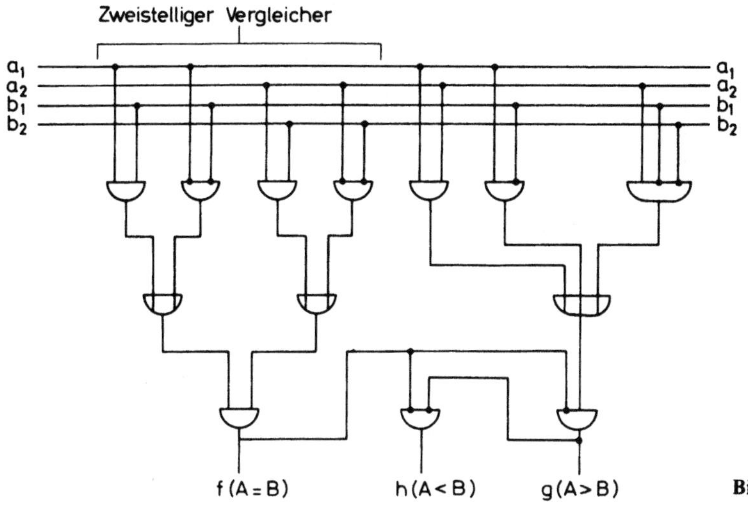

Bild 38

Daraus ergibt sich die Gleichung für A > B:

$$g = \bar{f} \wedge [(a_1 \wedge a_2) \vee (a_1 \wedge \bar{b}_1) \vee (a_2 \wedge \bar{b}_1 \wedge \bar{b}_2)]$$

Der Fall A < B muß vorliegen, wenn A weder gleich B noch größer als B ist.

$$h = \bar{f} \wedge \bar{g}.$$

Die logische Schaltung für f, g, h ist in Bild 38 wiedergegeben.

1.4.5. Das Faust-Hand-Spiel (Knobeln zu dritt)

Drei Spieler A, B und C wollen ausknobeln, wer die nächste Runde Bier bezahlen soll. Sie machen auf Kommando entweder eine geschlossene Faust oder eine offene Hand (Faust = L, Hand = 0). Das Spiel endet unentschieden, wenn alle drei Teilnehmer gleichzeitig Faust oder gleichzeitig Hand machen:

$$U = (a \wedge b \wedge c) \vee (\bar{a} \wedge \bar{b} \wedge \bar{c})$$

Spieler A gewinnt, wenn er allein Faust oder allein Hand zeigt:

$$A = (a \wedge \bar{b} \wedge \bar{c}) \vee (\bar{a} \wedge b \wedge c)$$

Unter welchen Bedingungen gewinnt B?

B =

Unter welchen Bedingungen gewinnt C?

C = (Musterlösung s. Abschnitt 6.4)

Die Logikschaltung zu diesem Spiel gibt Bild 39 wieder. Sie ist verhältnismäßig einfach, da jeder Spieler nur zwei Möglichkeiten besitzt, die sich gegenseitig ausschließen.

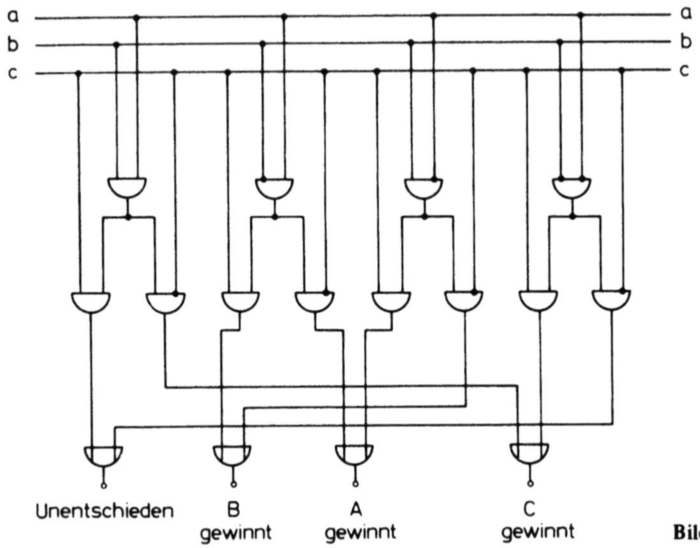

Bild 39

Bedingung für Unentschieden: $(a \wedge b \wedge c) \vee (\bar{a} \wedge \bar{b} \wedge \bar{c})$
Gewinn von A: $(a \wedge \bar{b} \wedge \bar{c}) \vee (\bar{a} \wedge b \wedge c)$
Gewinn von B:
Gewinn von C:

Faust = Nicht-Hand, Nicht-Faust = Hand

$L = \bar{0}$ $\bar{L} = 0$

Man kann die Schaltung aus vier UND-Gliedern und vier Kombi-Gliedern aufbauen.

1.4.6. Das Spiel Schere-Stein-Papier (Knobeln zu zweit)

Die zwei Spieler A und B machen auf Kommando eines der drei Handzeichen Schere (gespreizte Finger) oder Stein (geschlossene Faust) oder Papier (flache Hand). Schere siegt über Papier und verliert gegen Stein. Stein siegt über Schere und verliert gegen Papier. Papier siegt über Stein und verliert gegen Schere.

Die Schaltung wird etwas schwieriger als beim Faust-Hand-Spiel, weil jeder Spieler drei Möglichkeiten besitzt.

Es bedeute:

$a_1 = L$: Spieler A macht das Zeichen für Schere
$a_2 = L$: Spieler A macht das Zeichen für Stein
$a_3 = L$: Spieler A macht das Zeichen für Papier.

Sinngemäß werden die Signale b_1, b_2, b_3 verwendet.

Das Spiel endet Unentschieden, wenn beide Teilnehmer gleichzeitig dasselbe Zeichen geben:

$$U = (a_1 \wedge b_1) \vee (a_2 \wedge b_2) \vee (a_3 \wedge b_3)$$

Spieler A gewinnt, wenn er das Signal a_1 = L setzt (Schere), und wenn gleichzeitig Spieler B das Signal b_3 = L (Papier) gibt,

oder wenn er das Signal a_2 = L setzt (Stein), und wenn gleichzeitig Spieler B das Signal b_1 (Schere) betätigt,

oder wenn er das Signal a_3 = L (Papier) gibt, und wenn gleichzeitig Spieler B sich für Signal b_2 (Stein) entscheidet.

$$A = (a_1 \wedge b_3) \vee (a_2 \wedge b_1) \vee (a_3 \wedge b_2)$$

Selbstverständlich darf jeder Spieler gleichzeitig nur ein Signal geben.

Bild 40 zeigt die logische Schaltung für dieses Spiel.

Eine zweite Schaltmöglichkeit für den Gewinn von B ist

$$B = \overline{A} \wedge \overline{U}.$$

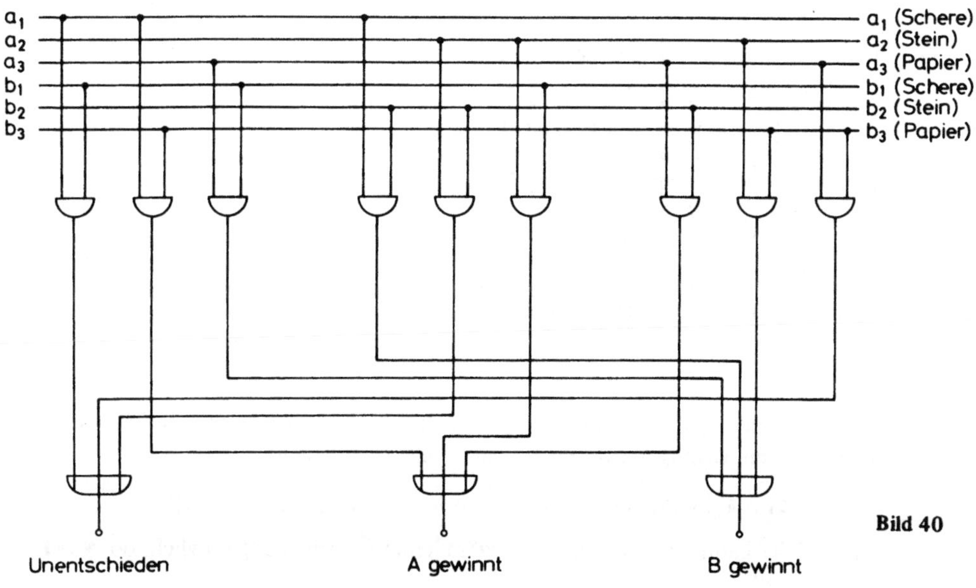

Bild 40

1.4.7. Aufgaben zu Abschnitt 1.4

1.4-1. In der nebenstehenden Wiedergabe von vier vierstelligen Binärzahlen mit Prüfbit P ist eine Ziffer falsch. Welche?

Zahl	P waagrecht
0 0 L 0	L
L 0 L L	L
L 0 0 0	0
0 L 0 L	0
0 0 L 0	P senkrecht

1.4-2. Ein Bastler möchte bei seiner Modelleisenbahn vermeiden, daß auf einer Kreuzweiche zwei Züge zusammenstoßen. Er hat sich dafür die Skizze und Funktionstabelle von Bild 41 entworfen.

Stellen Sie für die Weichenstellungen A und B die Gleichungen auf (A = ..., B = ...)

Zeichnen Sie die logische Schaltung für A und B.

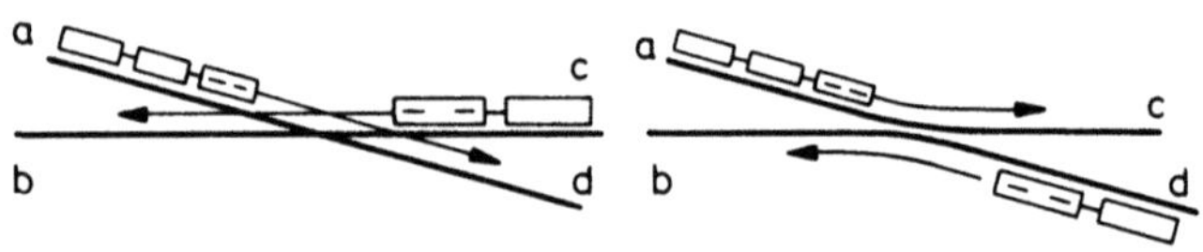

Weichenstellung A Weichenstellung B **Bild 41**

Zug aus Richtung				Weichenstellung	
a	b	c	d	A	B
L	L	0	0	keine Vorschrift	
L	0	L	0	L	0
L	0	0	L	0	L
0	L	L	0	0	L
0	L	0	L	L	0
0	0	L	L	keine Vorschrift	

1.4-3. Bei einer Wiedergabe der Gleichungen für den Zahlenvergleich (Abschnitt 1.4.4) wurde für die Bedingung $A > B$ versehentlich geschrieben:

$$g = [(a_1 \wedge a_2) \vee (a_1 \wedge \overline{b}_1) \vee (a_2 \wedge \overline{b}_1 \wedge \overline{b}_2)], \qquad (\text{statt } g = \overline{f} \wedge [\ldots]).$$

Für welche Zahlen a_1 a_2 und b_1 b_2 wäre keine Entscheidung möglich, ob $A > B$ oder $A = B$?

2. Sätze der Schaltalgebra

Kapitel 1 enthält die wichtigsten Erkenntnisse über die Verknüpfungsglieder. Dabei wurde die Veranschaulichung durch Beispiele oder Schaltbilder besonders gepflegt. Mathematische Formen der Darstellung sind seltener zu finden.

Selbstverständlich gibt es in der Schaltalgebra auch mathematische Formeln, die mit weniger Versuchsaufwand und mehr Gedankenarbeit zu denselben Erkenntnissen führen wie elektrische oder pneumatische Schaltungen.

Wer vor mathematischen Gleichungen zu großen Respekt empfindet, kann dieses Kapitel übergehen. Wer aber Spaß an geistiger Arbeit hat oder wenigstens die Herausforderung der Theorie annehmen will, der kann sich hier erproben.

Die Schaltalgebra ist wie die Mengenlehre und die Aussagenlogik ein Teilgebiet der Booleschen [1]) Algebra. Viele Gesetze der Booleschen Algebra leuchten ohne weiteres ein, weil sie ebenso lauten wie vergleichbare Gesetze unserer gewohnten Algebra. In einigen Fällen treten aber auch Abweichungen auf. Die Gesetze werden so formuliert, wie es für ihre Anwendung in der Schaltalgebra am bequemsten ist, z. B. sei „wahr" = L und „falsch" = 0.

2.1. Die Kommutativgesetze

Drei plus vier ist gleich sieben. Vier plus drei ergibt ebenfalls sieben. Man darf also bei der Addition zweier Zahlen die Summanden vertauschen:

$3 + 4 = 4 + 3$ (Kommutativgesetz der Addition)

Ebenso gilt: $3 \cdot 4 = 4 \cdot 3$ (Kommutativgesetz der Multiplikation)

Wenn man an einem Oder-Glied die Variablen a und b vertauscht, so ändert sich am Zustand der Funktion c nichts: (Bild 42)

$$a \vee b = b \vee a$$

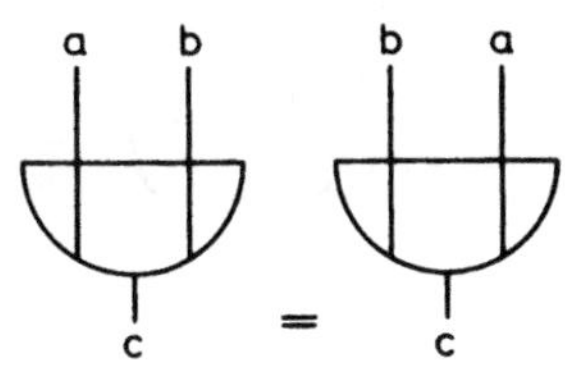

Bild 42

Auch beim Und-Glied kann man die Variablen a und b vertauschen, ohne daß sich der Zustand von c ändert (Bild 43)

$$a \wedge b = b \wedge a$$

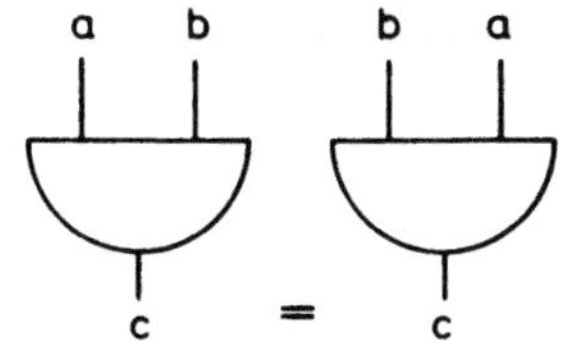

Bild 43

1) *George Boole*, 1815–1864

2.2. Die Assoziativgesetze

Für die Addition gilt: (3 + 4) + 5 = 3 + (4 + 5) (Assoziativgesetz der Addition)
Für die Multiplikation gilt (3 · 4) · 5 = 3 · (4 · 5) (Assoziativgesetz der Multiplikation).

Auch die Assoziativgesetze gelten in der Schaltalgebra. Bild 44 gibt die Schaltung für Oder-Verknüpfungen wieder, in Bild 45 ist die Und-Verknüpfung dargestellt.

$$(a \vee b) \vee c = a \vee (b \vee c)$$

$$(a \wedge b) \wedge c = a \wedge (b \wedge c).$$

In der Praxis macht man von den Assoziativgesetzen Gebrauch, wenn die Zahl der Variablen größer ist als die Zahl der Eingänge an einem Gatter.

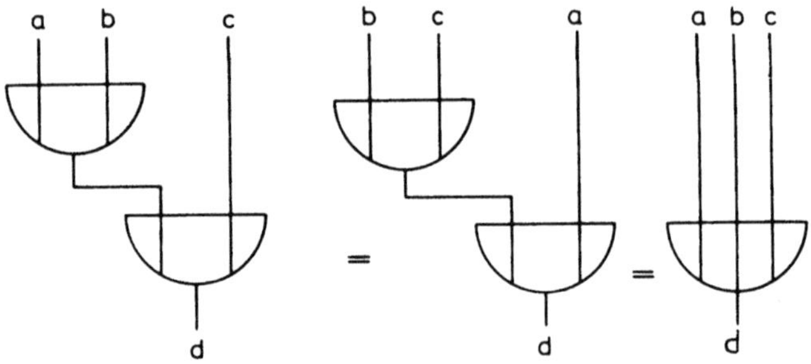

Bild 44

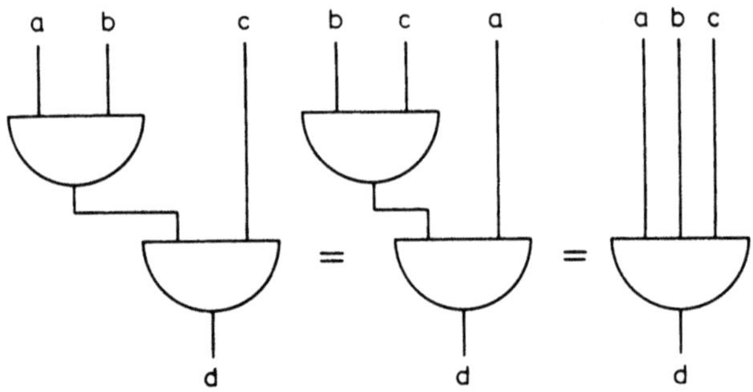

Bild 45

2.3. Die Distributivgesetze

In der herkömmlichen Algebra ist 3 · (4 + 5) = 3 · 4 + 3 · 5. Dagegen ist die vergleichbare Abwandlung falsch:

$$3 + (4 \cdot 5) \neq (3 + 4) \cdot (3 + 5)!$$

In der Booleschen Algebra gelten beide Beziehungen:

$a \wedge (b \vee c) = (a \wedge b) \vee (a \wedge c)$, Bild 46

$a \vee (b \wedge c) = (a \vee b) \wedge (a \wedge c)$, Bild 47

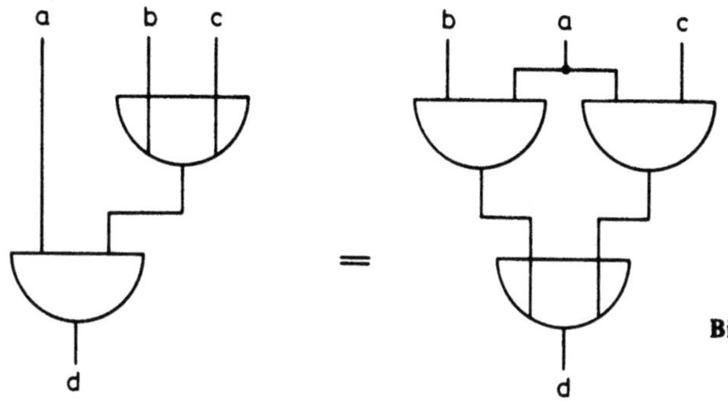

Bild 46

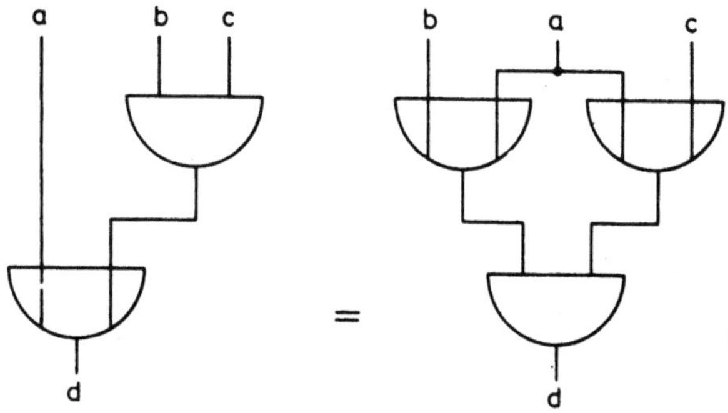

Bild 47

Im Venn-Diagramm von Bild 48 sind die Ausdrücke $a \wedge (b \vee c)$ und $(a \wedge b) \vee (a \wedge c)$ dargestellt. In beiden Fällen erhält man dieselbe Fläche.

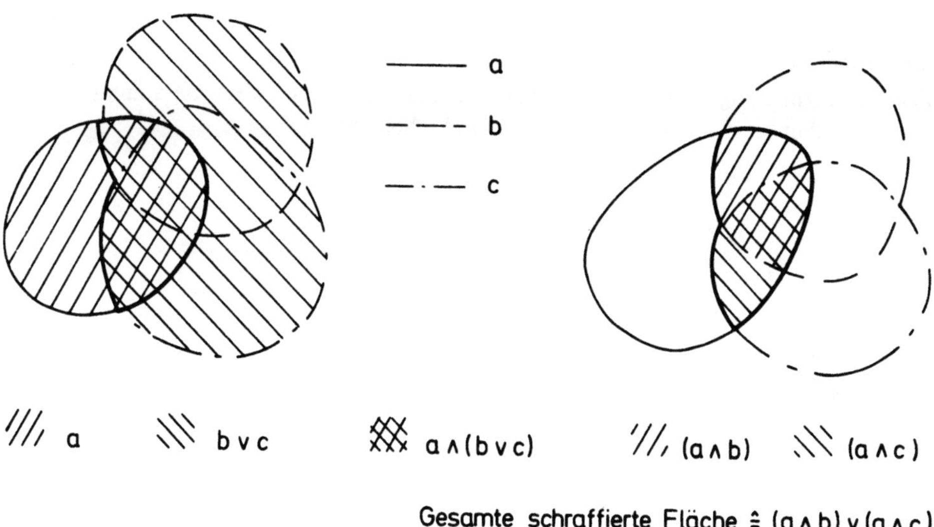

Bild 48

2.4. Die Idempotenzgesetze

Während in der herkömmlichen Algebra gilt: $3 + 3 = 2 \cdot 3$ und $3 \cdot 3 = 3^2$, zeigt die Betrachtung der Bilder 49 und 50 für die Boolesche Algebra:

$$a \wedge a = a; \qquad a \vee a = a$$

Hier bleibt also die Hochzahl der Variablen erhalten (idem = dasselbe, Potenz = Hochzahl).

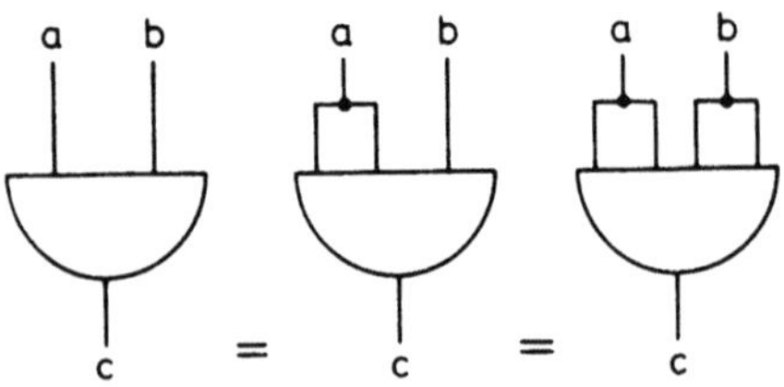

Bild 49

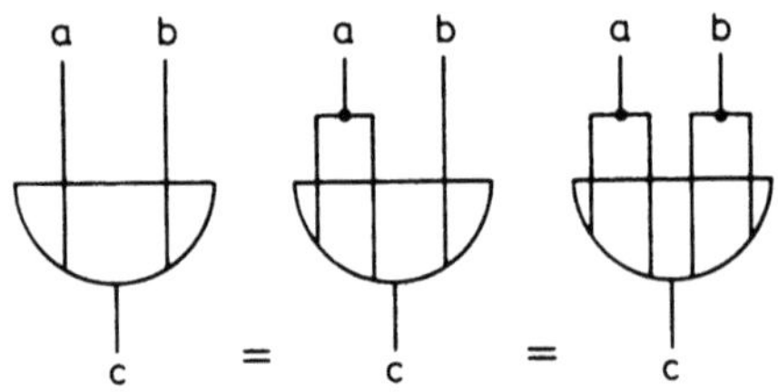

Bild 50

Das Idempotenzgesetz wird benutzt, wenn man nicht benötigte Eingangsbuchsen von Oder-Gattern mit demselben Signal belegt. (Vgl. Abschnitt 1.3.3) Bei den Oder-Gattern ist häufig die Belegung aller Eingänge notwendig (z. B. beim SIMULOG), weil nicht belegte Eingänge automatisch L-Signal erhalten und das Ergebnis verfälschen.

2.5. Die Absorptionsgesetze

Die folgenden Gesetze kann man nicht mehr so einfach mit den üblichen Rechenregeln vergleichen, wie das bisher der Fall war. Deshalb werden sie ausführlicher durch Funktionstabellen erläutert.

Für die Verknüpfung $c = a \vee (a \wedge b)$ zeigt sich, daß c genau den Wert von a annimmt (Bild 51). Man kann also sehr vereinfachen und schreiben:

$$a \vee (a \wedge b) = a.$$

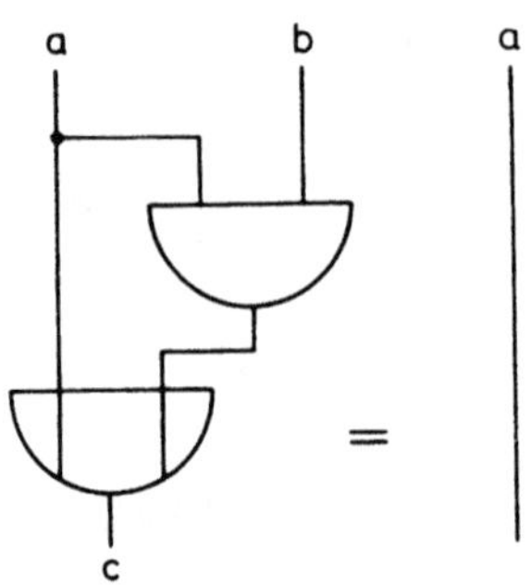

a	b	$(a \wedge b)$	$c = a \vee (a \wedge b)$
L	L	L	L
L	0	0	L
0	L	0	0
0	0	0	0

Bild 51

Auch für die Verknüpfung c = a ∧ (a ∨ b) erhält man immer das Ergebnis c = a, so daß gemäß Bild 52 gilt:

a ∧ (a ∨ b) = a

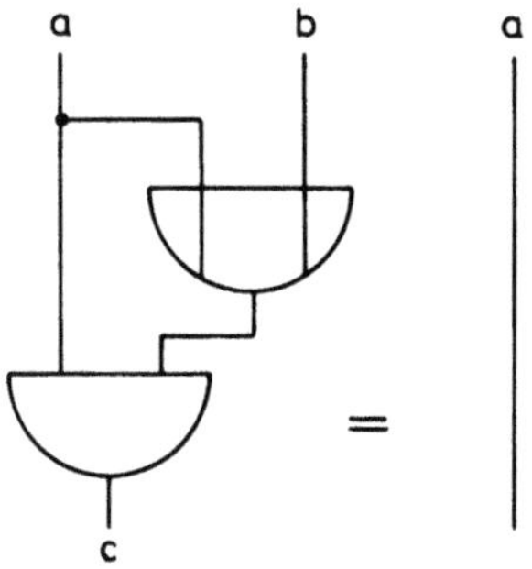

a	b	(a ∨ b)	c = a ∧ (a ∨ b)
L	L	L	L
L	0	L	L
0	L	L	0
0	0	0	0

Bild 52

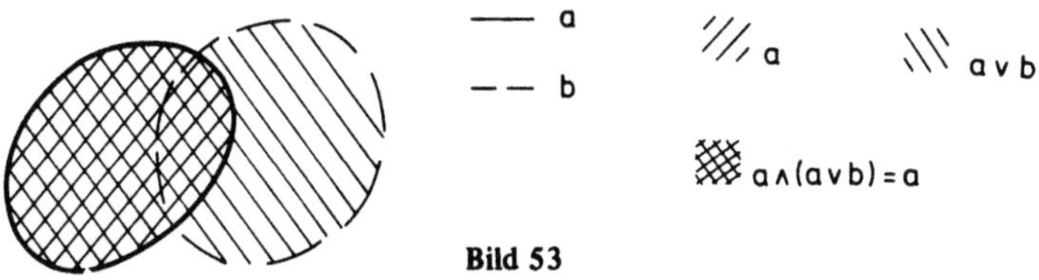

Bild 53

Das Venn-Diagramm von Bild 53 veranschaulicht die Gleichwertigkeit von a ∧ (a ∨ b) und a.

Da als Ergebnis beider Absorptionsgesetze die Variable b ganz in der Variablen a aufgeht, spricht man auch von den Verschmelzungsgesetzen.

2.6. Die Gesetze des Komplements

In der Schaltalgebra gibt es nur die zwei Zustände 0 und L. Folglich ist entweder a = L und $\bar{a}$ = 0, oder es ist a = 0 und $\bar{a}$ = L.

Dann erhält man

a ∧ $\bar{a}$ = 0, Bild 54 (vgl. Schluß von Abschnitt 1.3.3)

a ∨ $\bar{a}$ = L, (Bild 55).

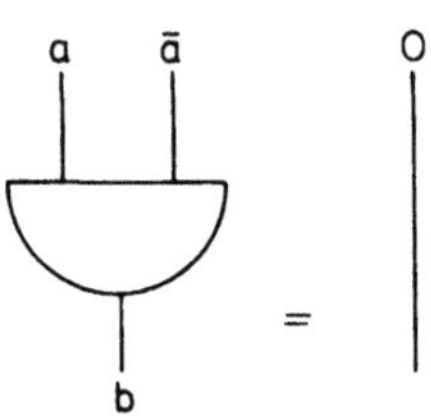

a	$\bar{a}$	a ∧ $\bar{a}$
L	0	0
0	L	0

Bild 54

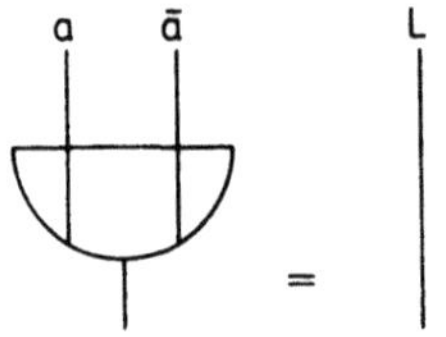

Bild 55

a	$\bar{a}$	$a \vee \bar{a}$
L	0	L
0	L	L

2.7. Die Gesetze von 0 und L

Aus der Zuordnungstabelle (Bild 56) geht hervor, daß

$$a \wedge L = a; \qquad a \wedge 0 = 0$$

$$a \vee L = L; \qquad a \vee 0 = a$$

a	$a \wedge L$	$a \wedge 0$	$a \vee L$	$a \vee 0$	a
L	L	0	L	L	L
0	0	0	L	0	0

Bild 56

2.8. Die Gesetze von De Morgan

De Morgan[1]) fand die Beziehungen

$$\overline{(a \wedge b)} = \bar{a} \vee \bar{b}, \text{ und}$$

$$\overline{(a \vee b)} = \bar{a} \wedge \bar{b}.$$

Schema und Foto einer logischen Schaltung, sowie eine Zustandstabelle für das Gesetz $\overline{(a \wedge b)} = \bar{a} \vee \bar{b}$ finden Sie in den Bildern 57 und 58. Dabei wird ein Kombiglied verwendet, dessen Anzeigelampe C bei jeder Kombination von a und b brennen muß.

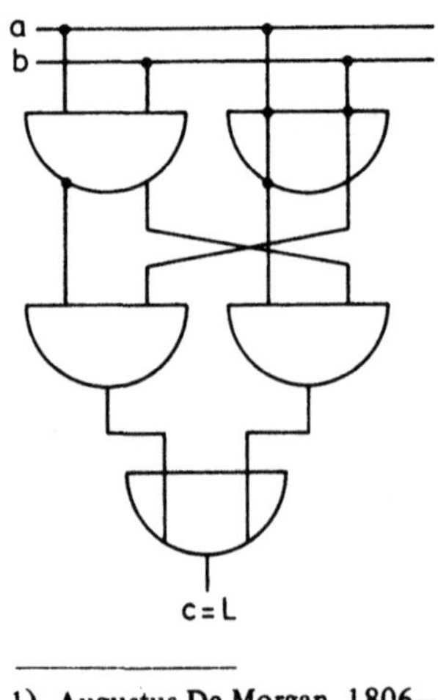

a	b	$\bar{a}$	$\bar{b}$	$\overline{(a \wedge b)}$	$\bar{a} \vee \bar{b}$
L	L	0	0	0	0
L	0	0	L	L	L
0	L	L	0	L	L
0	0	L	L	L	L

Bild 57

1) Augustus De Morgan, 1806–1871

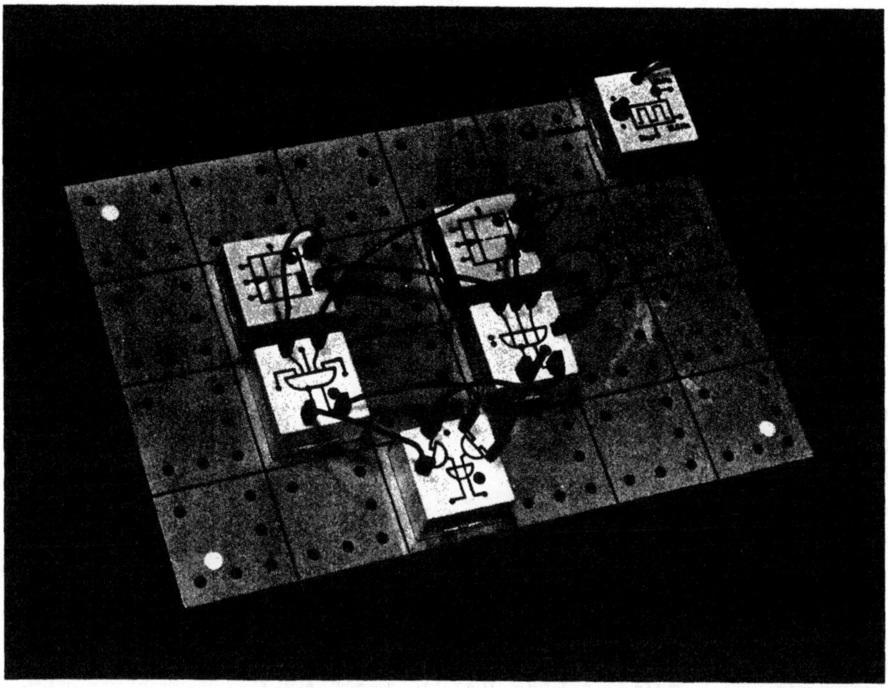

Bild 58. (LEYBOLD-HERAEUS, Köln)

2.9. Zusammenfassung der Sätze von Kapitel 2

Name des Gesetzes	Form des Gesetzes			
1. Kommutativ	$a \vee b$	$= b \vee a$	$a \wedge b$	$= b \wedge a$
2. Assoziativ	$a \vee (b \vee c)$	$= (a \vee b) \vee c$	$a \wedge (b \wedge c)$	$= (a \wedge b) \wedge c$
3 Distributiv	$a \vee (b \wedge c)$	$= (a \vee b) \wedge (a \vee c)$	$a \wedge (b \vee c)$	$= (a \wedge b) \vee (a \wedge c)$
4. Idempotenz	$a \vee a$	$= a$	$a \wedge a$	$= a$
5. Absorption	$a \vee (a \wedge b)$	$= a$	$a \wedge (a \vee b)$	$= a$
6. Komplement	$a \vee \bar{a}$	$= L$	$a \wedge \bar{a}$	$= 0$
7a) Gesetz von Null	$a \vee 0$	$= a$	$a \wedge 0$	$= 0$
b) Gesetz von L	$a \vee L$	$= L$	$a \wedge L$	$= a$
8. De Morgan	$\overline{(a \vee b)}$	$= \bar{a} \wedge \bar{b}$	$\overline{(a \wedge b)}$	$= \bar{a} \vee \bar{b}$

2.10. Anwendung der Sätze zur Booleschen Algebra

In vielen Fällen (z. B. bei Schaltungen der Fernmeldetechnik) erhält man umfangreiche Gleichungen, wenn man die Anforderungen an eine logische Schaltung nur so aufsummiert, wie sie in der Zuordnungstabelle stehen.

Häufig kann man diese Gleichungen vereinfachen, wie es die folgenden Beispiele zeigen. Dabei werden die Sätze von Abschnitt 2.9 benutzt.

Beispiel 1

Es sei

	$c = (a \wedge b) \vee (a \wedge \bar{b})$
Distributivgesetz:	$= a \wedge (b \vee \bar{b})$
Komplement:	$= a \wedge L$
Gesetz von L:	$\underline{c = a}$

Beispiel 2

Es sei

	$c = (a \vee b) \wedge (\bar{a} \vee b) \wedge (\bar{a} \wedge \bar{b})$
Distributivgesetz:	$= b \vee (a \wedge \bar{a}) \wedge (\bar{a} \wedge \bar{b})$
Komplement:	$= b \vee 0 \wedge (\bar{a} \wedge \bar{b})$
Gesetz von Null:	$= b \wedge (\bar{a} \wedge \bar{b})$
Kommutativgesetz:	$= \bar{a} \wedge (b \wedge \bar{b})$
Komplement:	$= \bar{a} \wedge 0$
Gesetz von Null:	$\underline{c = 0}$

Beispiel 3

Es sei

	$c = (a_1 \wedge a_2 \wedge a_3) \vee (a_1 \wedge \bar{a}_2 \wedge a_3) \vee (\bar{a}_1 \wedge \bar{a}_2 \wedge a_3)$
Kommutativgesetz:	$= [(a_1 \wedge a_3) \wedge a_2] \vee [(a_1 \wedge a_3) \wedge \bar{a}_2] \vee (\bar{a}_1 \wedge \bar{a}_2 \wedge a_3)$
Distributivgesetz:	$= [(a_1 \wedge a_3) \wedge (a_2 \vee \bar{a}_2)] \vee (\bar{a}_1 \wedge \bar{a}_2 \wedge a_3)$
Komplement:	$= [(a_1 \wedge a_3) \wedge L] \vee (\bar{a}_1 \wedge \bar{a}_2 \wedge a_3)$
Gesetz von L:	$= (a_1 \wedge a_3) \vee [(\bar{a}_1 \wedge \bar{a}_2) \wedge a_3]$
Distributivgesetz:	$= [a_1 \vee (\bar{a}_1 \wedge \bar{a}_2)] \wedge a_3$
Distributivgesetz:	$= [(a_1 \vee \bar{a}_1) \wedge (a_1 \vee \bar{a}_2)] \wedge a_3$
Komplement:	$= [L \wedge (a_1 \vee \bar{a}_2)] \wedge a_3$
Gesetz von L:	$\underline{c = (a_1 \vee \bar{a}_2) \wedge a_3}$

Man kann die Umformungen durch Aufstellen einer Zuordnungstabelle nachprüfen (Tafel 4 zu Beispiel 3).

Tafel 4

a_1	a_2	a_3	A $= a_1 \wedge a_2 \wedge a_3$	B $= a_1 \wedge \bar{a}_2 \wedge a_3$	C $= \bar{a}_1 \wedge \bar{a}_2 \wedge a_3$	$A \vee B \vee C$ $=$ D	$(a_1 \vee \bar{a}_2) \wedge a_3$ $=$ E
L	L	L	L	0	0	L	L
L	L	0	0	0	0	0	0
L	0	L	0	L	0	L	L
L	0	0	0	0	0	0	0
0	L	L	0	0	0	0	0
0	L	0	0	0	0	0	0
0	0	L	0	0	L	L	L
0	0	0	0	0	0	0	0

Die größtmögliche Vereinfachung (Minimisierung) einer booleschen Gleichung ist nicht leicht. Es gibt dafür zeichnerische und rechnerische Verfahren, deren Darstellung der weiterführenden Literatur (Kapitel 7) überlassen bleibt.

2.11. Aufgaben zu Kapitel 2

2-1. Zeichnen Sie die Venn-Diagramme für das Distributivgesetz

$$a \vee (b \wedge c) = (a \vee b) \wedge (a \vee c)$$

2-2. Zeichnen Sie das Venn-Diagramm für das Absorptionsgesetz

$$a \vee (a \wedge b) = a$$

2-3. Zeichnen Sie die logische Schaltung und die Funktionstabelle für das De Morgansche Gesetz $\overline{(a \vee b)} = \bar{a} \wedge \bar{b}$ (vgl. Bild 57).

2-4. Vereinfachen Sie die Gleichung

$$c = (a \vee b) \wedge (\bar{a} \vee b) \wedge (\bar{a} \vee \bar{b}).$$

2-5. Prüfen Sie mit Hilfe der Booleschen Algebra nach, ob $\bar{a} \wedge \bar{b} = \overline{(a \wedge b)}$?

2-6. Prüfen Sie mit Hilfe einer Zuordnungstabelle nach, ob $\bar{a} \vee \bar{b} = \overline{(a \vee b)}$?

2-7. Entwerfen Sie eine logische Schaltung zu Aufgabe 2-5.

3. Speicherglieder

3.1. Vibratoren

Der Knopf einer Türklingel kann zwischen zwei Endstellungen (Anschlägen) jede beliebige Lage einnehmen, er kann zwischen den beiden Endstellungen vibrieren. Infolge seiner Federbelastung hat der Knopf jedoch nur *eine* stabile Endlage. Durch Überwinden der Federkraft kann man den Klingelknopf bis zum Anschlag niederdrücken. Diese Stellung des Knopfes bleibt aber nur erhalten, solange die zusätzliche Kraft wirkt. Geräte, die ohne äußeren Einfluß immer dieselbe Endlage einnehmen, nennt man monostabile Multivibratoren oder Monoflops.

Ein Kippschalter (z. B. Lichtschalter) besitzt zwei stabile Endlagen, denen genau ein Schaltzustand (z. B. 0-Signal oder L-Signal) zugeordnet ist. Den Übergang von einer Schalterstellung zur anderen muß eine äußere Ursache bewirken. Relais- oder Transistorschaltungen, die wie ein Kippschalter zwei gleichwertige Endlagen besitzen, nennt man bistabile Multivibratoren oder Flip-Flops.

Eine Klingel läutet solange, wie man den Klingelknopf drückt. Es ist nicht notwendig, für jeden Anschlag des Klöppels erneut den Knopf zu drücken. Der Dauerton der Klingel wird durch einen selbsttätigen Unterbrecher erzeugt (Wagnerscher Hammer).

In ähnlicher Weise arbeiten Summer und Impulsgeneratoren, z. B. der Taktgeber beim SIMULOG. Geräte mit zwei Endzuständen, zwischen denen ein dauernder Wechsel stattfindet, nennt man astabile Multivibratoren.

3.2. Speicherzustände

In Bild 59 ist ein Speicherglied (Flip-Flop) mit seinen Ein- und Ausgängen schematisch dargestellt. Speicherglieder können wie die Verknüpfungsglieder nur den Zustand 0 oder den Zustand L besitzen.

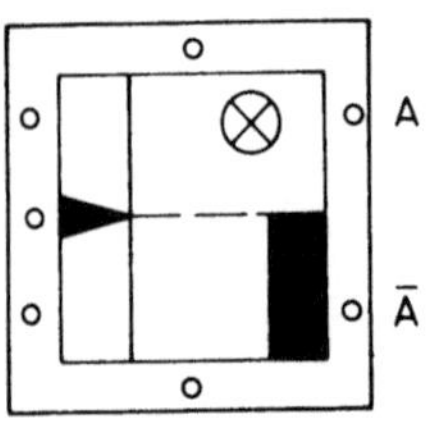

Bild 59

Am Ausgang A erhält man das Signal, das dem Speicherzustand entspricht. Es wird durch die danebenliegende Lampe angezeigt. Am Ausgang $\bar{A}$ liegt das negierte A-Signal. Die Zustände 0 und L sind gleichwertig und gleich stabil.

3.2.1. Setzen und Rücksetzen von Speichern

Der Zustand von Verknüpfungsgliedern hängt nur von den Signalen ab, die am Eingang des Gatters angelegt werden.

Der Zustand von Speichergliedern läßt sich auch über ihren Setz-Eingang S und ihren Rücksetz-Eingang R ändern. Eine Schaltung nach Bild 60 mit stillgesetzem Taktgeber zeigt, daß man den Speicherzustand durch ein Nullsignal verändern kann.

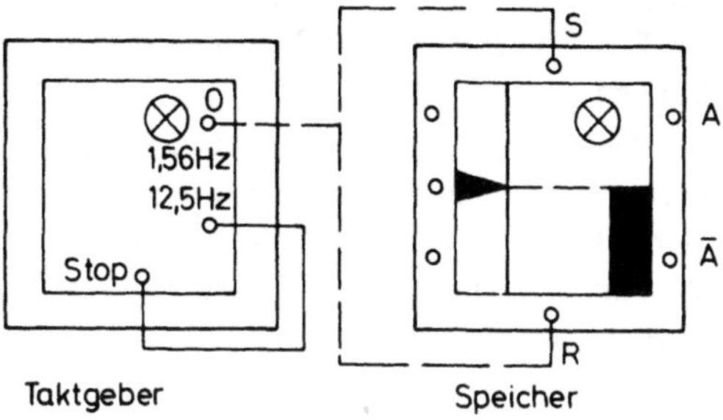

Bild 60

0-Signal am Speicherausgang A wird zu L-Signal, wenn man am Setzeingang S ein 0-Signal anlegt: Der Speicher wird gesetzt.

Der Inhalt eines gesetzten Speichers läßt sich weder durch 0 noch durch L am Setzeingang ändern.

L-Signal am Speicherausgang A wird zu 0-Signal, wenn man am Rücksetzeingang R ein 0-Signal anlegt: Der Speicher wird zurückgesetzt.

Der Inhalt eines rückgesetzten Speichers läßt sich weder durch 0 noch durch L am Rücksetzeingang ändern.

Speicher der hier beschriebenen Art nennt man auch SR-Flipflops.

3.2.2. Ändern des Speicherzustands

Auf der linken Seite des rückgesetzten Speichers von Bild 61 befinden sich drei Eingänge. Der mittlere Eingang T wird mit dem gestoppten Taktgeber verbunden. Durch eine Betätigungstaste kann man dem Taktgeber Einzelsignale entnehmen. Dabei erhält man nachstehenden Zusammenhang zwischen Signal T und Zustand des Speichers: (Bild 62).

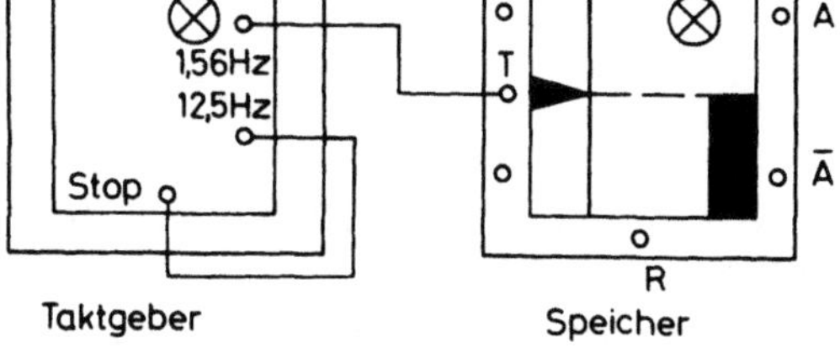

Bild 61

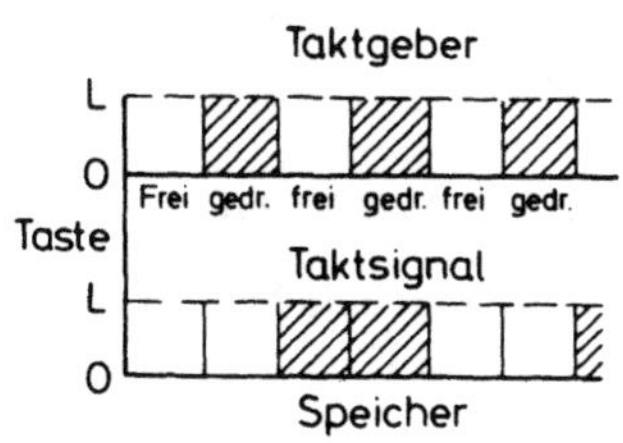

Bild 62

Zunächst erkennt man, daß der Speicher seinen Zustand nur halb so oft ändert wie der Taktgeber. Außerdem ist die zeitliche Abhängigkeit der Zustandsänderungen aus Bild 62 klar ersichtlich: Der Speicher ändert seinen Zustand immer dann, wenn das Signal T von L auf 0 abfällt.

Speicherglieder gehören auf Grund dieses Verhaltens zu den bistabilen Multivibratoren.

Diese wichtige Erkenntnis wollen wir durch die Schaltung von drei Speichergliedern gemäß Bild 63 vertiefen. Der Taktgeber liefert wiederum die Signale für den ersten Speicher A. Dessen Ausgangssignal a wird dem Flip-Flop B auf seinem Eingang T zugeführt. Analog dazu wird Speicher B mit Speicher C verbunden.

Schraffierte Felder in Bild 63 bedeuten L-Signal. Der Speicher A ändert seinen Zustand halb so oft wie der Taktgeber. Speicher B ändert seinen Zustand halb so oft wie Speicher A, also viermal weniger als der Taktgeber. Speicher C ändert seinen Zustand halb so oft wie Speicher B, viermal weniger als Speicher A, achtmal weniger als der Taktgeber. Jeder Speicher bewirkt also eine Übersetzung der Frequenz im Verhältnis 2 : 1.

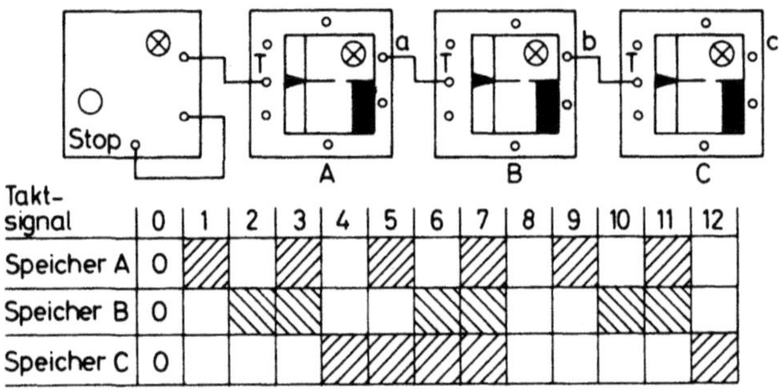

Bild 63

Die Frequenzen (Schalthäufigkeiten) von Taktgeber zu Speicher A zu Speicher B zu Speicher C verhalten sich wie 8 : 4 : 2 : 1.

Das Zahlenverhältnis 8 : 4 : 2 : 1 kann man auch als Verhältnis von Zweierpotenzen schreiben:

$$8 : 4 : 2 : 1 = 2^3 : 2^2 : 2^1 : 2^0$$

Damit eröffnet sich uns ein neues Feld für unser binäres System. Die Beschränkung auf die zwei Signale 0 und L ist nicht nur schaltungstechnisch im Vorteil. Vielmehr kann man in diesem Zweiersystem auch rechnen. Unsere Elektronenrechner arbeiten alle in diesem System.

3.3. Binärzahlen

In unserem üblichen Dezimalsystem bedeutet 3204 soviel wie 3 mal 1000 und 2 mal 100 und 0 mal 10 und 4 mal 1, oder $3 \cdot 10^3 + 2 \cdot 10^2 + 0 \cdot 10^1 + 4 \cdot 10^0$.

Man kann verallgemeinern und sagen, daß jede Dezimalzahl eine Summe von Zehnerpotenzen darstellt. Ebenso kann man aber jede Zahl auch als Summe von Zweierpotenzen erklären. Das hat den Vorteil, daß man statt der zehn Ziffern des Dezimalsystems nur zwei Ziffern des Dualsystems benötigt. Man bezeichnet sie am einfachsten mit 0 und L, wie wir es schon gewohnt sind. Dabei bedeutet 0: Die betreffende Zweierpotenz kommt in einer Zahl nicht vor. L bedeutet, daß die betreffende Zweierpotenz in einer Zahl vorkommt.

Der Vollständigkeit halber seien einige Zweierpotenzen genannt:

$$2^0 = 1;\; 2^1 = 2;\; 2^2 = 2 \cdot 2 = 4;\; 2^3 = 2 \cdot 2 \cdot 2 = 8;\; 2^4 = 2 \cdot 2 \cdot 2 \cdot 2 = 16.$$

Zwei Beispiele sollen die Darstellung von Zahlen im Dualsystem erläutern: $9 = 9 \cdot 1 = 9 \cdot 10^0$ im Dezimalsystem.

$$9 = 8 + 1 = 2^3 + 0 \cdot 2^2 + 0 \cdot 2^1 + 1 \cdot 2^0 \quad \text{im Dualsystem.}$$

↓ L ↓ 0 ↓ 0 ↓ L

und $22 = 2 \cdot 10 + 2 \cdot 1 = 2 \cdot 10^1 + 2 \cdot 10^0$ im Dezimalsystem.

$$22 = 16 + 4 + 2 = 2^4 + 0 \cdot 2^3 + 2^2 + 2^1 + 0 \cdot 2^0 \quad \text{im Dualsystem.}$$

↓ L ↓ 0 ↓ L ↓ L ↓ 0

Der Wert einer Ziffer im Dezimalsystem ergibt sich aus ihrer Stellung innerhalb der Ziffernfolge.

4711 bedeutet nicht dasselbe wie 1147. Ebenso verhält es sich mit den Dualziffern 0 und L. L 0 LL 0 bedeutet nicht dasselbe wie L 0 L 0 L. Deshalb bezeichnet man sowohl das Dezimalsystem als auch das Dualsytem als Stellenwertsysteme.

Die Addition von Dualzahlen erfolgt nach den Regeln

0 + 0 = 0
0 + L = L
L + 0 = L
L + L = 0 + Übertrag L auf die davorstehende Stelle.

Beispiele:

	2^5	2^4	2^3	2^2	2^1	2^0
9	0	0	L	0	0	L
+ 22	0	L	0	L	L	0
31	0	L	L	L	L	L
	(= 0 +	16 +	8 +	4 +	2 +	1)

31	0	L	L	L	L	L
+ 1	0_L	0_L	0_L	0_L	0_L	L
32	L	0	0	0	0	0
	(= 32 +	0 +	0 +	0 +	0 +	0)

3.3.1. Codierer

Der Übergang vom gewohnten Dezimalsystem zum Dualsystem und umgekehrt kann mit Hilfe logischer Schaltung erfolgen. Die Zuordnung der beiden Zahlensysteme nennt man einen Code.

Den einfachsten Zahlencode haben wir bereits in Bild 63 kennengelernt. Die Speicher A, B, C zählen die Takte bis 1 + 2 + 4 = 7.

Diese Code lautet vervollständigt:

Dezimal	Dual
1	L
2	L 0
3	L L
4	L 0 0
5	L 0 L
6	L L 0
7	L L L
8	L 0 0 0
9	L 0 0 L
10	L 0 L 0
11	L 0 L L
12	L L 0 0
13	L L 0 L
14	L L L 0
15	L L L L
16	L 0 0 0 0
17	L 0 0 0 L

Man sieht, daß schon für die zweistellige Dezimalzahl 16 fünf Binärstellen notwendig werden.

Um die Decodierung zu vereinfachen, ersetzt man den reinen Binärcode durch den sogenannten BCD-Code (binary coded decimal). Da eine Dezimalziffer höchstens den Wert 9 erreichen kann, benötigt man dafür höchstens vier Binärstellen oder vier Bits. Man schreibt z. B. für die Dezimalzahl 983 im BCD-Code:

L 0 0 L   L 0 0 0   0 0 L L

Im reinen Binärcode ist 983 darzustellen durch L L L L 0 L 0 L L L.

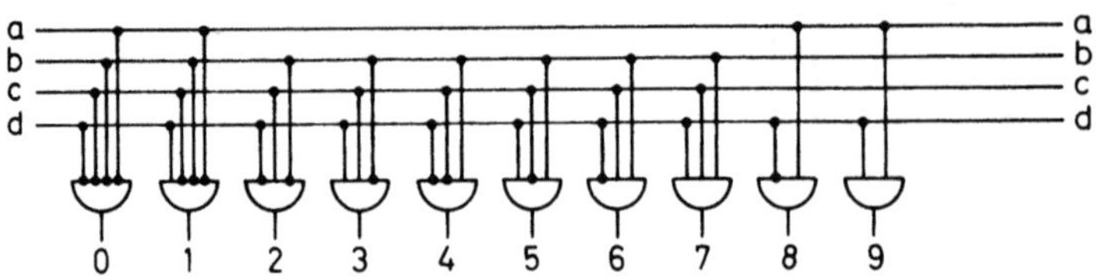

Bild 64

Als Anwendungsbeispiel bietet Bild 64 einen BCD-Decodierer für die folgende Zuordnungstabelle.

Dezimal	Dual a b c d	Boolesche Gleichung	Vereinfacht
0	0 0 0 0	$\bar{a} \wedge \bar{b} \wedge \bar{c} \wedge \bar{d}$	$\bar{a} \wedge \bar{b} \wedge \bar{c} \wedge \bar{d}$
1	0 0 0 0	$\bar{a} \wedge \bar{b} \wedge \bar{c} \wedge d$	$\bar{a} \wedge \bar{b} \wedge \bar{c} \wedge d$
2	0 0 0 L	$\bar{a} \wedge \bar{b} \wedge c \wedge \bar{d}$	$\bar{b} \wedge c \wedge \bar{d}$
3	0 0 L L	$\bar{a} \wedge \bar{b} \wedge c \wedge d$	$\bar{b} \wedge c \wedge d$
4	0 L 0 0	$\bar{a} \wedge b \wedge \bar{c} \wedge \bar{d}$	$b \wedge \bar{c} \wedge \bar{d}$
5	0 L 0 L	$\bar{a} \wedge b \wedge \bar{c} \wedge d$	$b \wedge \bar{c} \wedge d$
6	0 L L 0	$\bar{a} \wedge b \wedge c \wedge \bar{d}$	$b \wedge c \wedge \bar{d}$
7	0 L L L	$\bar{a} \wedge b \wedge c \wedge d$	$b \wedge c \wedge d$
8	L 0 0 0	$a \wedge \bar{b} \wedge \bar{c} \wedge \bar{d}$	$a \wedge \bar{d}$
9	L 0 0 L	$a \wedge \bar{b} \wedge \bar{c} \wedge d$	$a \wedge d$

Die Vereinfachung ist möglich, weil a nur zur Unterscheidung von 0 und 1 gegenüber 8 und 9 benötigt wird.

Codierer und Decodierer gibt es nicht nur für Zahlensysteme, sondern auch für die Verarbeitung von alphabetischen Zeichen (sog. Wortmaschinen).

3.4. Schaltungen mit Speichergliedern

3.4.1. Der Modulo-Dualzähler

Die Schaltung von drei Speichergliedern gemäß Bild 63 kann bis sieben zählen. Bei Takt acht liegen wieder dieselben Verhältnisse vor wie bei Takt null.

Diese Schaltung wird etwas variiert und soll dazu dienen, jeweils fünf Impulse des Taktgebers abzuzählen und dann mit der Zählung wieder bei null neu zu beginnen. Man nennt diese Anordnung einen Modulo 5-Zähler. Bild 65 zeigt seinen Aufbau.

Die Impulse des Taktgebers werden auf den Eingang T_1 des rechten Speichers gegeben. Von A_1 wird der Eingang T_2 des mittleren Speichers bedient, von A_2 kommen die Impulse zum Eingang T_3 des linken Speichers. Somit reagiert der rechte Speicher auf jeden Impuls des Taktgebers. Der mittlere Speicher reagiert auf jeden zweiten Impuls, der linke Speicher reagiert auf jeden vierten Impuls. Im Gegensatz zu Bild 63 stimmen bei Bild 65 die Stellenwerte der Speicher. Der rechte Speicher zeigt 2^0, der mittlere zeigt 2^1, der linke zeigt 2^2 an. Wenn wir auf fünf zählen wollen, müssen die Speicher nach dem Zustand L 0 L (= 4 + 0 + 1) wieder über ihren Rücksetzeingang R auf null gesetzt werden.

Das Rücksetzen erfolgt durch ein Nullsignal, das vom negierten Ausgang $\bar{B}$ des Und-Gliedes ausgeht. $\bar{B}$ darf nur dann Null-Signal führen, wenn a_1 = L, $a_2 = 0$, a_3 = L ist. Dies bewirkt die Schaltung $b = a_1 \wedge \bar{a}_2 \wedge a_3$.

3.4.2. Die Prioritätsschaltung

In großen Datenverarbeitungsanlagen werden meist mehrere Programme parallel bearbeitet. (Multiprocessing)

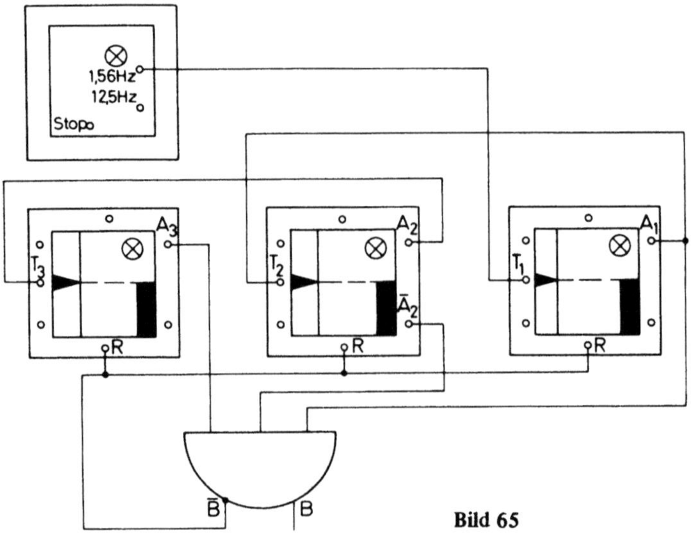

Bild 65

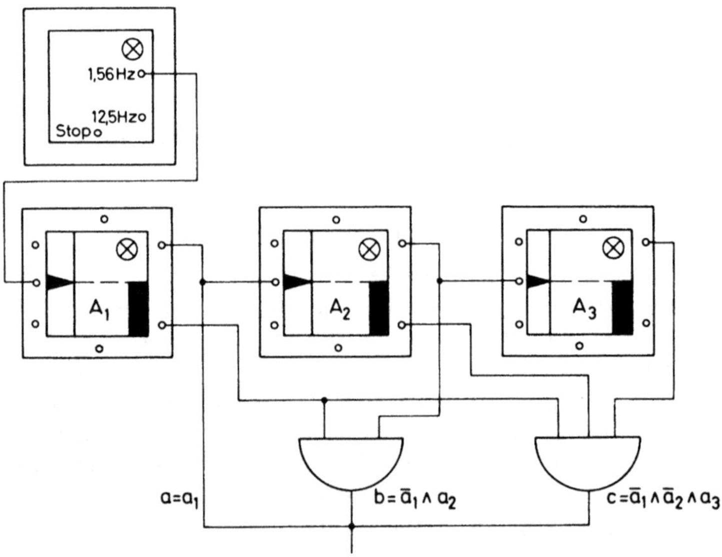

Bild 66

Wenn Engpässe entstehen, wird der Rechner ein bezeichnetes Programm mit Vorrang verarbeiten. Die anderen Programme kommen erst zum Zug, wenn das bevorrechtigte Programm die Anlage gerade nicht benötigt. In Bild 66 sind drei Speicher A_1, A_2, A_3 in bekannter Weise so geschaltet, daß alle acht Signalkombinationen von 0 0 0 bis L L L der Reihe nach durchlaufen werden. Es wird gefordert, daß ein L-Signal von A_1 auf jeden Fall sofort bei a weiterverarbeitet wird. A_1 hat also Vorrang (Priorität) vor A_2 und A_3.

Ein L-Signal des Speichers A_2 ist bei b zu verarbeiten und hat Vorrang vor Signalen des Speichers A_3. Ein L-Signal von A_3 wird bei c nur weitergeleitet, wenn A_1 und A_2 Nullsignal führen: $a = a_1$; $b = \bar{a}_1 \wedge a_2$; $c = \bar{a}_1 \wedge \bar{a}_2 \wedge a_3$.

3.4.3. Register

Die Speicherglieder besitzen zwei Eingänge, die bisher noch nicht benutzt wurden. Diese Eingänge liegen beiderseits des Takteingangs T. Sie dienen dazu, einen Speicher für die Aufnahme eines 0- oder L-Signals vorzubereiten. Wenn am Eingang T ein Impuls ankommt, nimmt der Speicher den vorbereiteten Zustand an und behält ihn bei. Beliebig viele nachfolgende Impulse können keine weitere Änderung des Speicherzustands bewirken. Die beiden Vorbereitungseingänge heißen V und $\bar{V}$. Ihre Wirkungsweise kann man am Beispiel des Registers (Bild 67) kennenlernen. Jeder der drei Speicher ist direkt mit dem Taktgeber verbunden. Wenn keine weiteren Verbindungen vorhanden wären, würde jeder Speicher auf Impulse des Taktgebers so reagieren, wie es in Abschnitt 3.2.2 dargestellt ist. Nun erhält aber der Vorbereitungseingang V_1 ein L-Signal, der Vorbereitungseingang $\bar{V}_1$ erhält ein 0-Signal. Bei A_1, V_2, A_2, V_3 und A_3 herrscht noch der Zustand 0. Der erste Impuls des Taktgebers bringt den Speicher S_1 in den Zustand L, denn dieser Speicher war vom Verknüpfungsglied I her zur Aufnahme des Impulses vorbereitet.

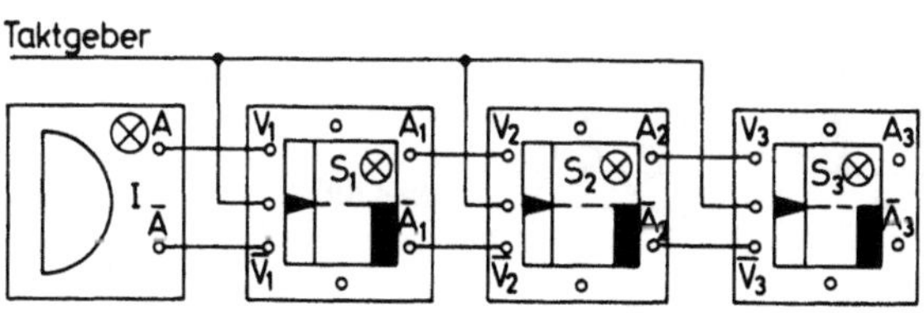

Bild 67

Schaltung						
nach Skizze				V_1 und $\bar{V}_1$ vertauscht		
S_1	S_2	S_3	Speicher	S_1	S_2	S_3
0	0	0	Anfang	L	L	L
L	0	0	nach Takt 1	0	L	L
L	L	0	nach Takt 2	0	0	L
L	L	L	nach Takt 3	0	0	0
L	L	L	nach Takt 4	0	0	0

An den Vorbereitungseingängen der Speicher S_2 und S_3 liegt noch 0-Signal. Diese Speicher können also den ersten Impuls des Taktgebers nicht aufnehmen. Nach Ende des ersten Taktes liegt am Ausgang A_1 ein L-Signal. Dadurch wird der Speicher S_2 über seinen Vorbereitungseingang V_2 zur Aufnahme des nächsten Impulses vorbereitet. A_2 und V_3 haben immer noch den Zustand 0.

Der zweite Impuls des Taktgebers bringt den Speicher S_2 in den Zustand L. Speicher S_1 behält den Zustand L, und Speicher S_3 behält den Zustand 0. Erst beim dritten Takt kann der Speicher S_3 nach Vorbereitung durch das L-Signal von $A_2 - V_2$ ebenfalls in den Zustand L übergehen. Alle folgenden Impulse des Taktgebers ändern am Zustand L L L dieses Registers nichts mehr. Wenn man die Anschlüsse $A - V_1$ und $\overline{A} - \overline{V}_1$ vertauscht in $A - \overline{V}_1$ und $\overline{A} - V_1$, dann zählt das Register wieder rückwärts von L L L bis 0 0 0.

3.4.4. Schieberegister

Die Vorbereitung von Speichern über die Eingänge V und $\overline{V}$ ist an dem viergliedrigen Register nach Bild 68 gut zu sehen. Über die Setz- und Rücksetzeingänge der Speicher sei das Register in den Zustand 0 L 0 0 gebracht. Speicher S_1 wird bei jedem Impuls seinen Zustand ändern, da seine Vorbereitungseingänge nicht belegt sind. Speicher S_2 folgt dem Zustand von Speicher S_1 mit einem Takt Verzögerung, sein ursprünglich vorhandenes L-Signal wandert bei jedem Takt um einen Speicher weiter. Neue L-Signale von Speicher S_1 wandern durch das Register nach rechts. Wir haben ein rechtsschiebendes Register vor uns.

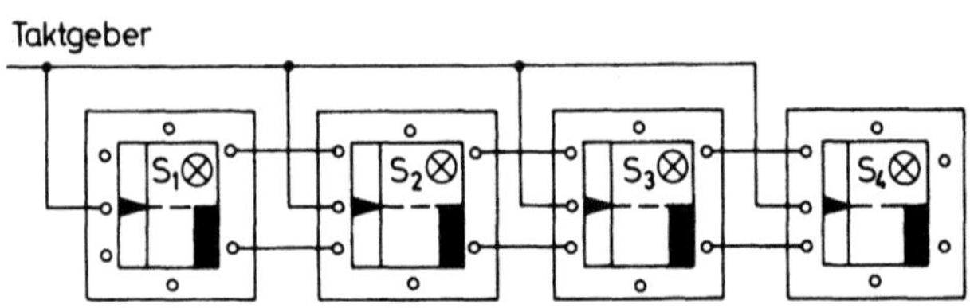

Bild 68

Speicher	S_1	S_2	S_3	S_4
Anfang	0	L	0	0
nach Takt 1	L	0	L	0
nach Takt 2	0	L	0	L
nach Takt 3	L	0	L	0
nach Takt 4	0	L	0	L

Wenn man die Ausgänge A_4 und $\overline{A}_4$ mit den Vorbereitungseingängen V_1 und $\overline{V}_1$ verbindet, erhält man die Schaltung von Bild 69. Jetzt wird bei Speicher S_1 nicht mehr bei jedem zweiten Takt ein neues L-Signal in das Register gebracht.

Wenn der Anfangszustand 0 L 0 0 lautet, so befindet sich jetzt immer nur ein einziges L-Signal im Register, das bei jedem Takt um einen Speicher weiter nach rechts wandert und schließlich von S_4 wieder nach S_1 gebracht wird. Wenn man den Inhalt des Registers als Darstellung einer Dualzahl betrachtet (0 L 0 0 entspricht der Zahl 4), so bedeutet das Verschieben des L-Signals um eine Stelle nach rechts die Halbierung dieser Zahl (0 0 L 0 entspricht der Zahl 2). Man nennt Register dieser Art Ringschieberegister.

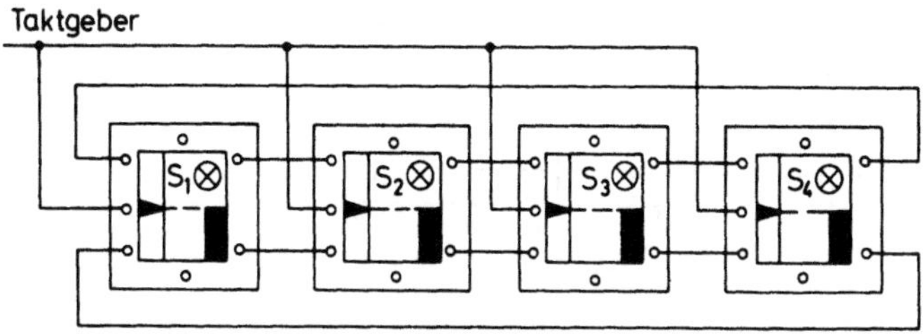

Bild 69

Speicher	S_1	S_2	S_3	S_4
Anfang	0	L	0	0
nach Takt 1	0	0	L	0
nach Takt 2	0	0	0	L
nach Takt 3	L	0	0	0
nach Takt 4	0	L	0	0
nach Takt 5	0	0	L	0
nach Takt 6	0	0	0	L

3.4.5. Der Halbaddierer

Für die Addition zweier einstelliger Dualzahlen a und b gilt: 0 + 0 = 0; 0 + L = L + 0 = L; L + L = 0 + Übertrag L auf die vorhergehende Stelle.

$$\begin{array}{r} 0 \\ +0 \\ \hline 0 \end{array} \qquad \begin{array}{r} 0 \\ +L \\ \hline L \end{array} \qquad \begin{array}{r} L \\ +0 \\ \hline L \end{array} \qquad \begin{array}{rr} & L \\ + & L \\ \hline L & 0 \end{array} \qquad \left(\begin{array}{rr} \text{vgl.} & 3 \\ + & 8 \\ \hline 1 & 1 \end{array} \right)$$

Die Funktionstabelle erhält also folgende Gestalt:

Zahl a	Zahl b	Übertrag Ü	Summe S
0	0	0	0
0	L	0	L
L	0	0	L
L	L	L	0

Für die Summe S ergibt sich die boolesche Gleichung

$$S = (a \wedge \bar{b}) \vee (\bar{a} \wedge b) \quad \text{(Antivalenz, exklusives Oder)}$$

Für den Übertrag Ü erhält man

$$Ü = a \wedge b$$

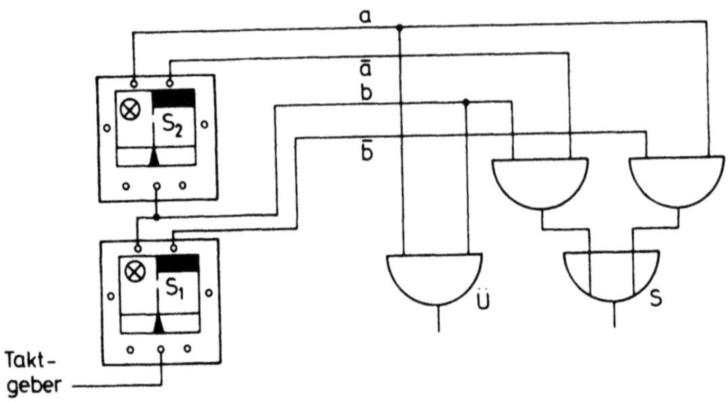

Bild 70

Die angegebenen Gleichungen beschreiben nur die Addition zweier einstelliger Dualzahlen. Man bezeichnet die zugehörige Schaltung als Halbaddierer. Bild 70 gibt das Schaltbild des Halbaddierers wieder. Die zwei Speicher sind als Zähler geschaltet und durchlaufen automatisch die vier möglichen Kombinationen für a und b.

3.4.6. Der Volladdierer

Der Volladdierer muß mindestens drei Dualzahlen a, b, c oder zwei Dualzahlen und einen Übertrag ü richtig addieren. Aus der Funktionstabelle ergeben sich die Gleichungen für S und Ü:

a	b	c	ü	s
0	0	0	0	0
0	0	L	0	L
0	L	0	0	L
0	L	L	L	0
L	0	0	0	L
L	0	L	L	0
L	L	0	L	0
L	L	L	L	L

$$S = \{c \wedge [(a \wedge b) \vee (\bar{a} \wedge \bar{b})]\} \vee \{\bar{c} \wedge [(a \wedge \bar{b}) \vee (\bar{a} \wedge b)]\}$$

$$\ddot{U} = (a \wedge b) \vee \{c \wedge [(a \wedge \bar{b}) \vee (\bar{a} \wedge b)]\}$$

Die Schaltung ist aus drei Kombigliedern (Antivalenzgliedern) leicht aufzubauen (Bild 71). Die acht möglichen Kombinationen für a, b, c liefert am einfachsten wieder eine Zählschaltung aus drei Speichergliedern.

Einen Volladdierer für zwei vierstellige Dualzahlen zeigt Bild 72. Er besteht aus sieben Halbaddierern und drei ODER-Gliedern.

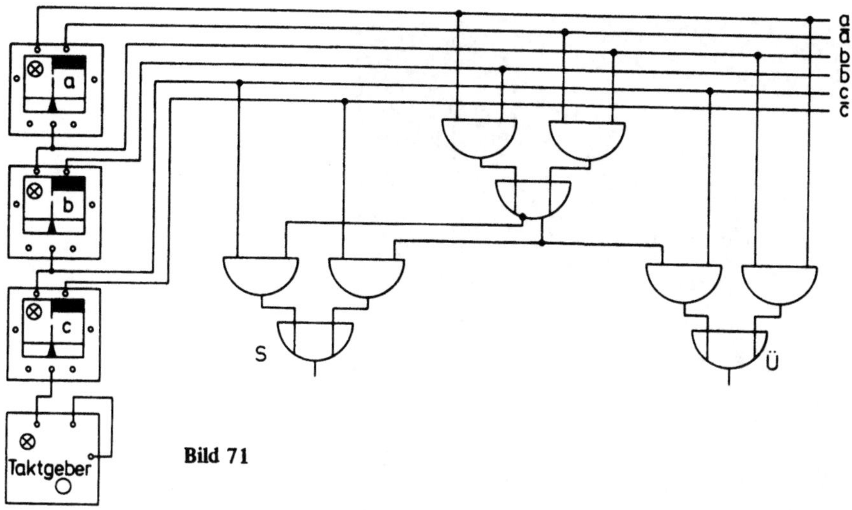

Bild 71

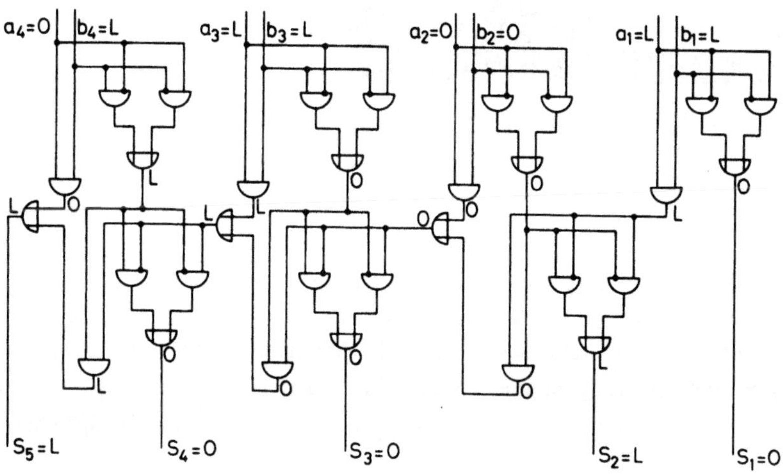

Bild 72a

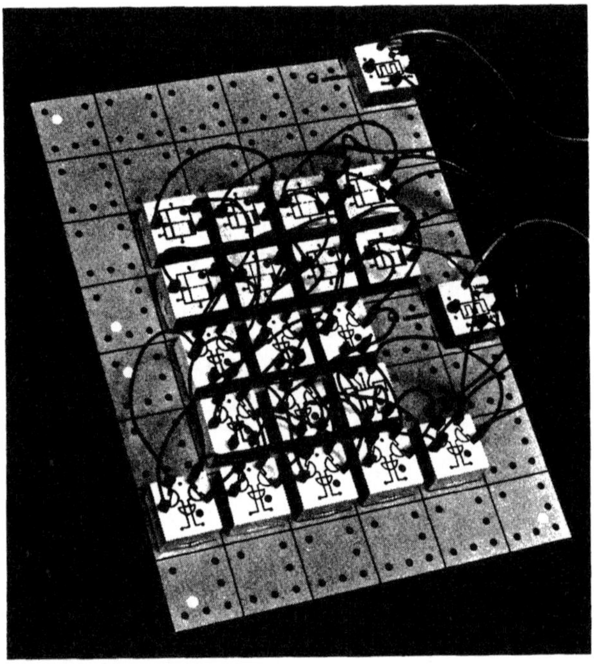

Bild 72b. (LEYBOLD-HERAEUS, Köln)

3.5. Aufgaben zu Kapitel 3

3-1. Zu welcher Art von Vibratoren gehört die Morsetaste?

3-2. Entwerfen Sie die Schaltung für einen Codierer, der die Dezimalzahlen 1 bis 9 in Dualzahlen umwandelt. (Zuordnungstabelle siehe Abschnitt 3.3.1)

3-3. Entwerfen Sie die Schaltung für einen Modulo 11-Zähler.

3-4. Entwerfen Sie die Schaltung für ein linksschiebendes Ringregister mit vier Speicherstellen.

3-5. Wodurch unterscheidet sich die Zählweise eines Modulozählers von der Zählweise eines Registers?

4. Anwendungsbeispiele

4.1. Quittieren einer Störmeldung

Ein Störsignal soll so lange bestehen bleiben, bis sein Empfänger davon Kenntnis genommen hat. Dann soll der Empfänger die Anzeige der Störmeldung löschen. Diese Aufgabe erfüllen die Schaltungen nach Bild 73a und b. Das Signal a der Störmeldung bringt zunächst die Lampe A zum Aufleuchten (Bild 73a). Wenn der Empfänger durch ein Signal b die Störmeldung quittiert, erlöscht die Lampe A, obwohl das Signal a immer noch besteht (Bild 73b). Selbst wenn das Signal b wieder gleich 0 wird, bleibt die Lampe A dunkel. Eine vergleichbare Schaltung mit Flip-Flop zeigt Bild 74. Dabei bedeuten die drei Bezeichnungen:

Erste Stelle = Zustand des bezeichneten Punktes vor
Eintreffen der Störmeldung a(a = 0, b = 0).

Zweite Stelle = Zustand nach Eintreffen der
Störmeldung a (a = L, b = 0).

Dritte Stelle: Zustand nach Quittieren der Störmeldung (a = L, b = L).

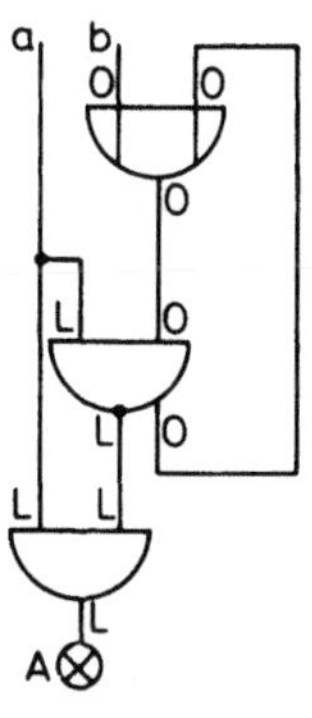

Bild 73a

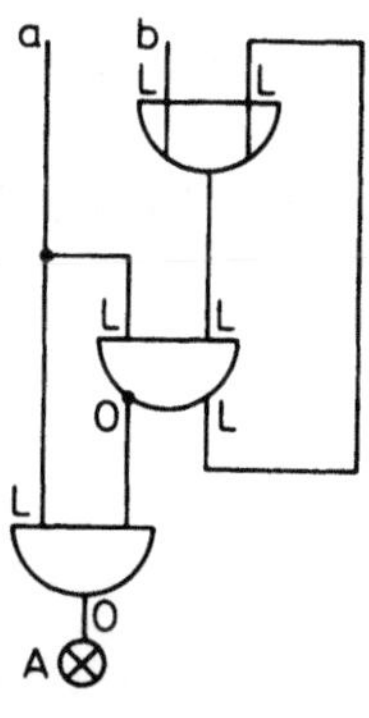

Bild 73b

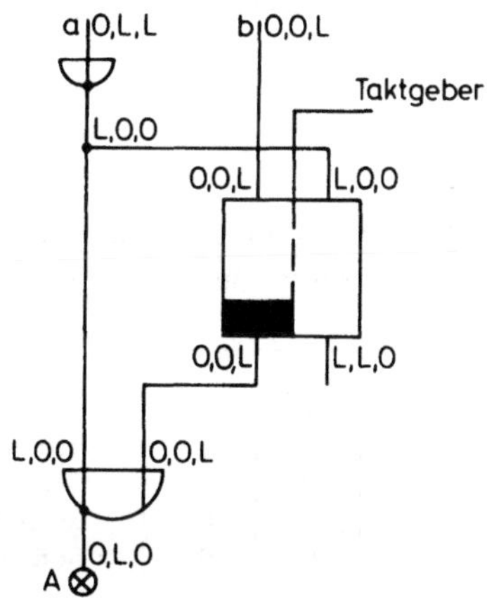

Bild 74

4.2. Redundanzschaltungen

Bei höchsten Ansprüchen an technische Geräte (z. B. für vollautomatische Flugzeuglandungen) verwendet man Meß-, Steuer- und Regelschaltungen, die sich gegenseitig kontrollieren. Bei Ausfall eines Gerätes wird der Fehler erkannt, das fehlerhafte Gerät abgeschaltet und eine Warnmeldung abgegeben.

Ein Fluglagen-Regler kann z. B. aus drei gleichartigen Geräten A, B, C bestehen, die bei einwandfreiem Betrieb das gleiche Signal abgeben. Wenn ein Gerät ausfällt, liefern die beiden anderen immer noch gleiche Signale und übernehmen gemeinsam die Steuerung.

Das Gerät mit der abweichenden Anzeige wird abgeschaltet. Aus dem dreifachen System (Triplex) ist ein doppeltes System (Duplex) entstanden.

Wenn auch noch eines der zwei verbliebenen Geräte ausfällt, was sehr unwahrscheinlich ist, so liefern sie verschiedene Signale, der Pilot wird gewarnt und übernimmt selbst die Steuerung (Redundantes Triplex-System, Bild 75).

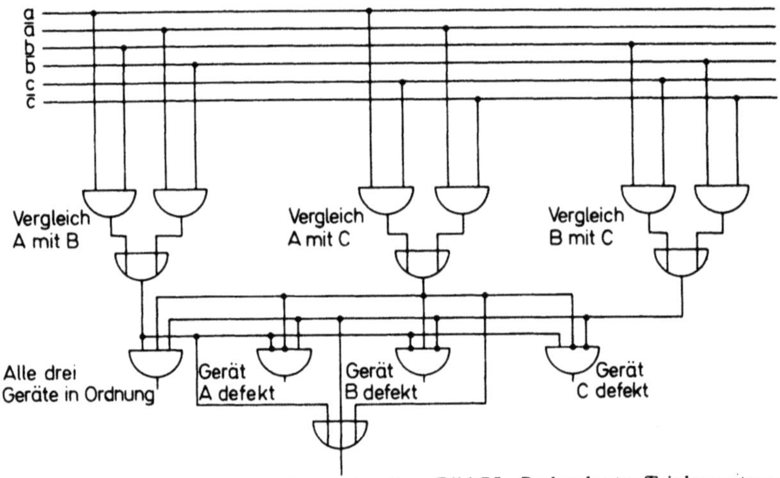

Bild 75. Redundantes Triplexsystem mit Fehleranzeige

In der Zuordnungstabelle ist der Zusammenhang zwischen den Signalen a, b, c und dem Zustand des Systems dargestellt.

a = b	a = c	b = c	
L	L	L	Alle drei Geräte in Ordnung
0	0	L	Gerät A defekt
0	L	0	Gerät B defekt
L	0	0	Gerät C defekt

4.3. Ein Transportwagen befördert Rohre in eine automatisch gesteuerte Schweißanlage. Der Wagen soll anfahren, wenn er in der richtigen Startposition steht (Anschlag), wenn er beladen ist (Waage), wenn der Startbefehl erteilt wird, und wenn kein Notschalter betätigt wurde. Alle Bedingungen lassen sich durch eine UND-Schaltung mit fünf Eingängen erfüllen (Bild 76).

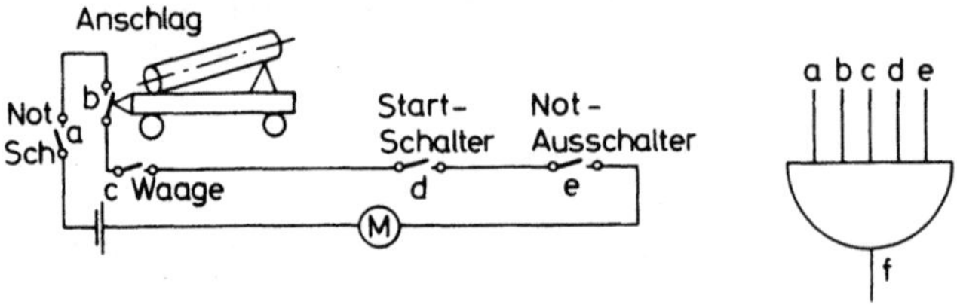

Bild 76

4.4. Für den abgebildeten Stromkreis (Bild 77) sind in einer booleschen Gleichung die Schalterstellungen anzugeben, bei denen Strom fließt. Die Gleichung ist so weit wie möglich zu vereinfachen.

(Geschlossener Schalter = L, offener Schalter = 0)
Lösung:

$$S = (a \wedge d) \vee [a \wedge (b \vee c)]$$
$$= a \wedge [d \vee (b \vee c)]$$
$$= a \wedge (b \vee c \vee d)$$

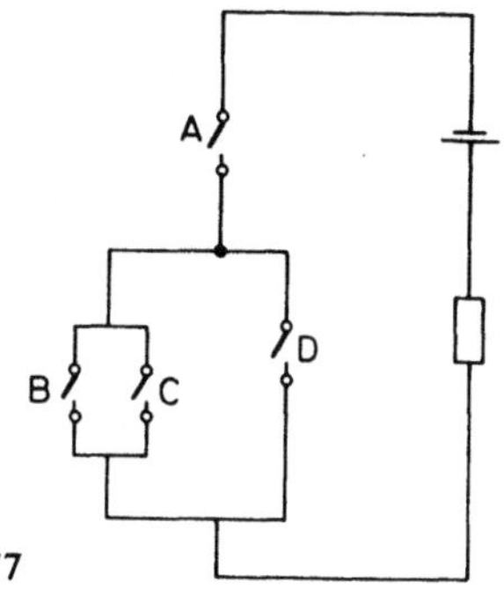

Bild 77

4.5. Einem Drehautomaten können von zwei vorgeschalteten Maschinen aus die Werkstücke zugeführt werden. Der Automat ist abzustellen, wenn beide Zuführungen A und B leer sind. Außerdem ist ein handbetätigter Hauptschalter C vorzusehen. (Bild 78). Die Gleichung für Einschalten der Maschine lautet:

$$d = (a \vee b) \wedge c$$

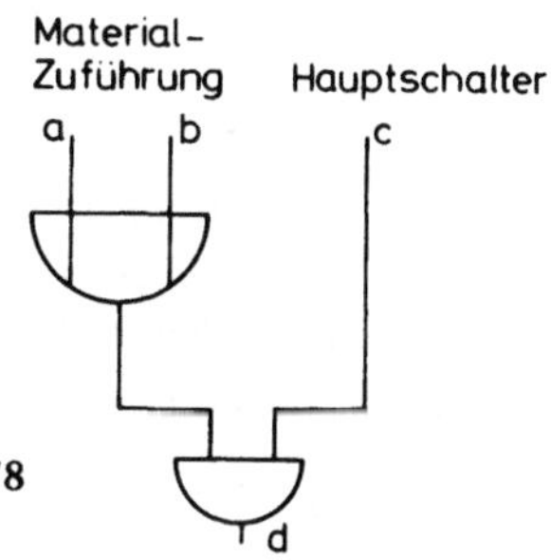

Bild 78

4.6. Der stehende Motor einer Förderanlage soll anlaufen, wenn er eingeschaltet wird und wenn Fördergut vorhanden ist. Der laufende Motor soll stehenbleiben, wenn er überlastet wird (Überstrom), oder wenn ein Notschalter betätigt wird. Für die logische Schaltung benötigt man ein UND-Glied und einen SR-(Set Reset-) Flipflop (Bild 79).

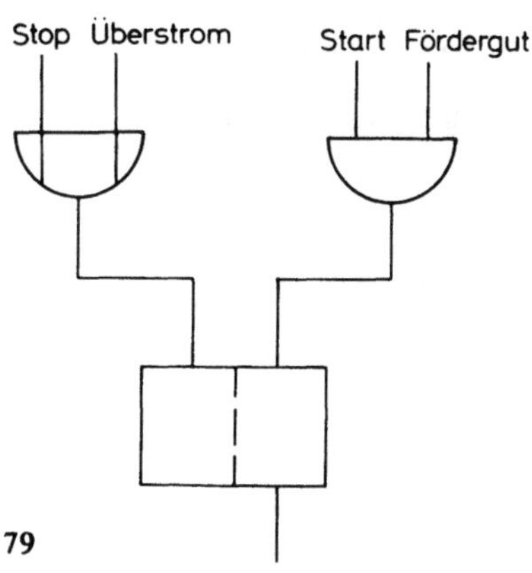

Bild 79

4.7. Eine Exzenterpresse ist mit einer Zweihand-Sicherheits-Steuerung auszurüsten. Um das Nachschlagen der Presse zu verhindern, darf während eines Pressenhubs kein zweites Startsignal erteilt werden. Außerdem darf der Pressenstößel nur bei laufendem Motor freigegeben werden.

Lösung mit UND-Glied: Bild 80

Lösung mit NOR-Gliedern: Bild 81

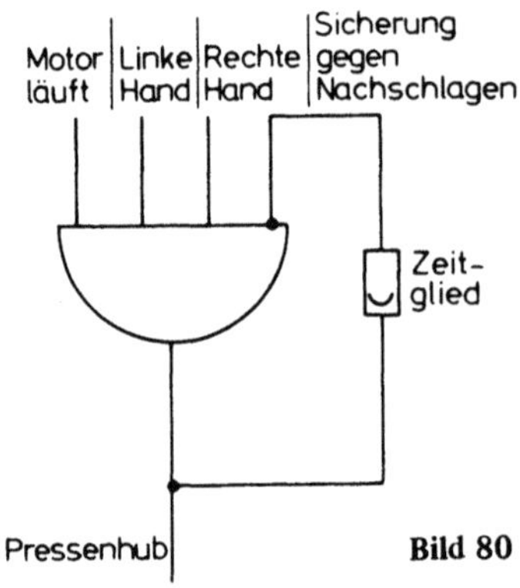

Bild 80

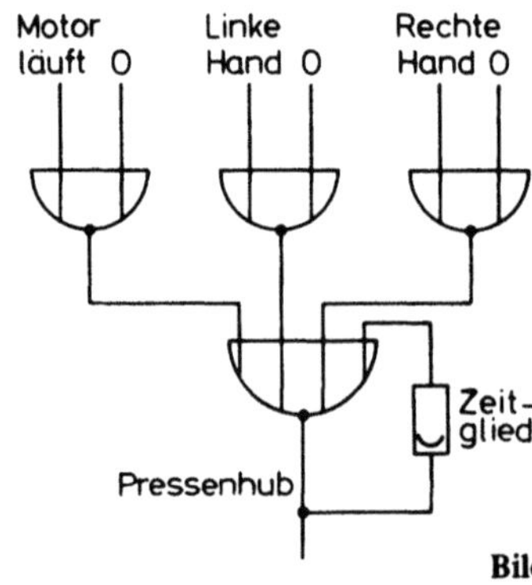

Bild 81

4.8. Ein Fußballtrainer muß von drei Spielern A, B, C mindestens einen Spieler aufstellen. Wenn A spielt, will auch C spielen. A und B wollen entweder gemeinsam spielen oder gemeinsam wegbleiben. C spielt nicht, wenn B aufgestellt wird.

Was soll der arme Trainer tun?

Einer muß spielen: $a \vee b \vee c$

A spielt nicht ohne C: $\overline{(a \wedge \bar{c})} = \bar{a} \vee c$ (De Morgan)

A spielt nur mit B oder überhaupt nicht: $(a \wedge b) \vee (\bar{a} \wedge \bar{b})$

C spielt nicht mit B: $\overline{(b \wedge c)} = \bar{b} \vee \bar{c}$ (De Morgan)

Wenn alle vier Bedingungen zu erfüllen sind, gilt

$$e = (a \vee b \vee c) \wedge (\bar{a} \wedge c) \wedge [(a \wedge b) \vee (\bar{a} \wedge \bar{c})] \wedge (\bar{b} \vee \bar{c})$$

Zuordnungstabelle

a	b	c	e
L	L	L	0
L	L	0	0
L	0	L	0
L	0	0	0
0	L	L	0
0	L	0	0
0	0	L	L ←
0	0	0	0

also wird nur der Spieler C aufgestellt.

5. Aufgaben

5-1. Zeichnen Sie das Venn-Diagramm für $c = (a \wedge b) \vee (\bar{a} \wedge \bar{b})$

5-2. Welchen Namen trägt die Funktion von Aufg. 5-1?

5-3. Ergänzen Sie für den SR- (Set Reset-) Flipflop aus NOR-Elementen (Bild 82) die Zustandstabelle. Der Fall $x_1 = x_2 = L$ (Setzsignal = Löschsignal) sei ausgeschlossen.

x_1	x_2	y_1	y_2
L	0	0	L
0	L		
L	0		

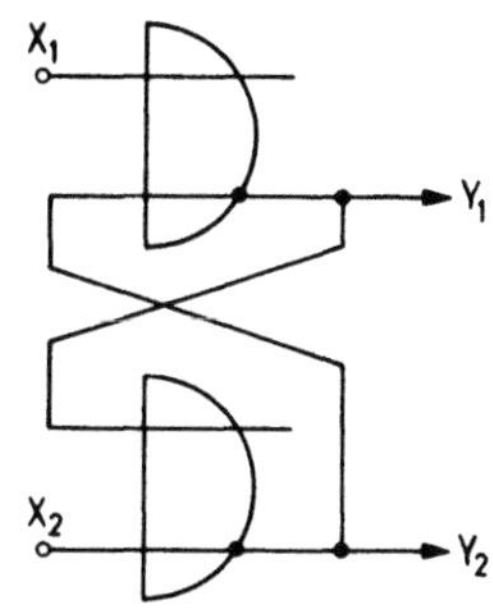

Bild 82

5-4. Welche zwei Möglichkeiten bestehen für den Zustand der Ausgänge y_1 und y_2 am Flipflop von Aufg. 5-3, wenn $x_1 = x_2 = 0$ ist?

5-5. In einer Mischanlage werden drei verschiedene Stoffe gemischt. Die Anlage soll von zwei verschiedenen Stellen aus zu bedienen sein. Sie soll automatisch abschalten, sobald einer der drei Vorratsbehälter nicht mehr ausreichend gefüllt ist. Entwerfen Sie die logische Schaltung und stellen Sie die boolesche Gleichung auf.

5-6. Entwerfen Sie die logische Schaltung für ein Redundanzsystem, das die Anzeigen von vier gleichzeitig arbeitenden Meßgeräten paarweise vergleicht (A + B, C + D), die Werte fehlerhafter Geräte ausscheidet und spätestens beim Ausfall von drei Geräten ein Warnsignal abgibt. (Quadruplex-System).

5-7.a) Stellen Sie den Ausdruck

$$e = \overline{[(a \wedge c) \vee (\bar{a} \wedge \bar{c})]} \wedge \overline{[(b \wedge c) \vee (\bar{b} \wedge \bar{c})]} \wedge [(a \wedge b) \vee (\bar{a} \wedge \bar{c})]$$

in einem Venn-Diagramm dar (Vgl. Aufg. 5-1).

b) Erstellen Sie die Zuordnungstabelle für den Ausdruck von Aufg. 5-7a)

c) Vereinfachen Sie die boolesche Gleichung für e. (Aufg. 5-7.a)

5-8. Eine Verpackungsanlage soll je sechs große oder zwölf kleine Flaschen in einem Karton unterbringen. Die Flaschen kommen in beliebiger Reihenfolge auf einem Förderband an. Den Zählimpuls liefern zwei Lichtschranken, die in verschiedener Höhe über dem Förderband angebracht sind. Dieser Impuls soll auch eine Weiche am Förderband stellen, um die Flaschen in die richtige Schachtel zu bringen. Sobald eine Schachtel gefüllt ist, soll der zugeordnete Zähler auf Null gesetzt werden. Entwerfen Sie das logische Schaltbild für die Steuerung.

5-9. Wie lautet die einfachste boolesche Gleichung für Stromfluß im Stromkreis nach Bild 83?

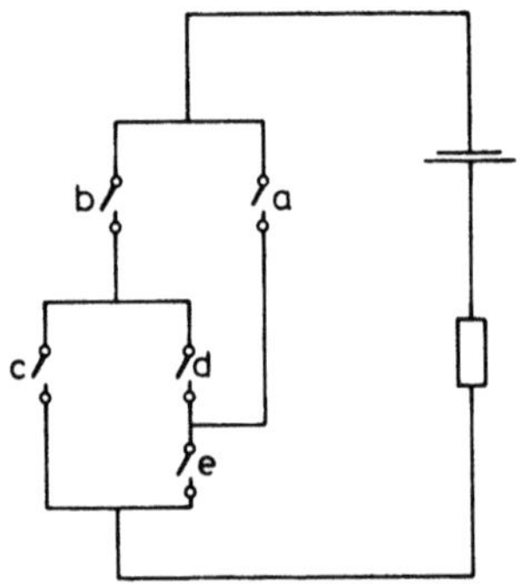

Bild 83

5-10. Ein Telefonanschluß mit zwei Sprechapparaten ist so einzurichten, daß bei einem Anruf zunächst nur die Klingel von Apparat 1 (im Büro) läutet.

Wenn nach zehnmaligem Läuten der Hörer noch nicht abgenommen wurde, soll die Klingel von Apparat 2 (in der Wohnung) in Tätigkeit treten. Klingel 1 soll abgeschaltet werden.

Entwerfen und bauen Sie eine geeignete Schaltung.

6. Lösungen

6.1. Musterlösung zur NOR-Schaltung (Abschnitt 1.2)

Schaltbild:

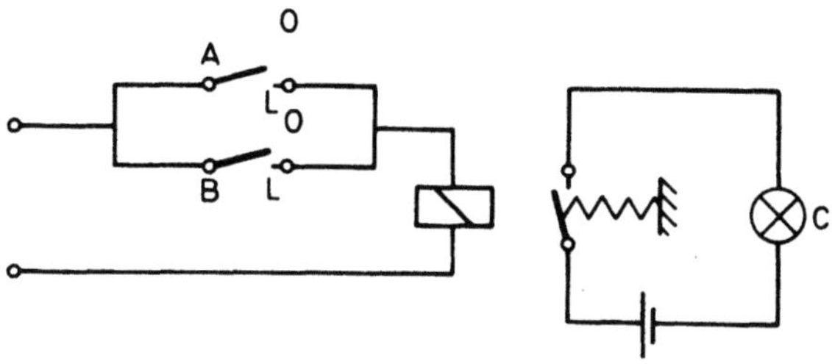

Zustandstabelle:

a	b	c
L	L	0
L	0	0
0	L	0
0	0	L

Schreibweise:

$$c = \overline{(a \vee b)}$$

Venn-Diagramm:

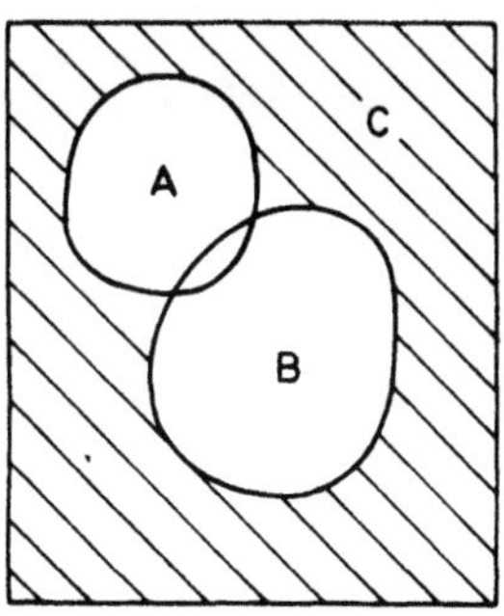

Erklärung des Venn-Diagramms:
C ist das Komplement der Vereinigungsmenge aus A und B.

6.2. Musterlösung zu Abschnitt 1.3.3 (Übung 3 und 4)

3a)

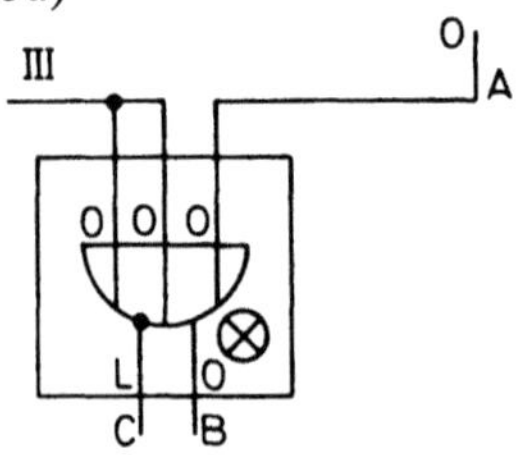

3b)

a	b	$c = \bar{b}$
L	L	0
0	0	L

3c) Die Funktion heißt $c = \bar{a}$, Negation, Komplement.

4a)

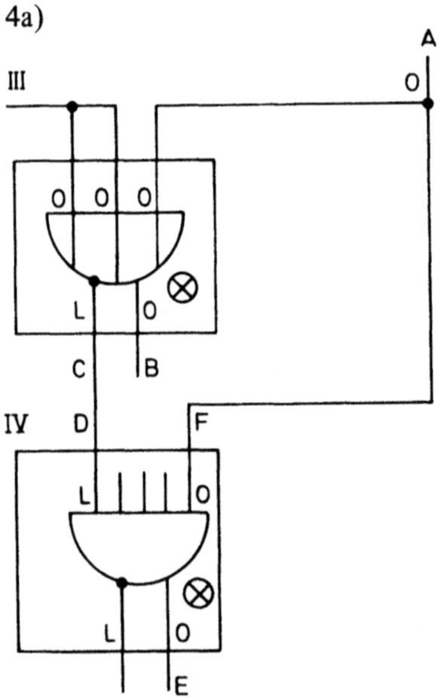

4b)

a = f	b	$\bar{b} = c = d$	e
L	L	0	0
0	0	L	0

6.3. Musterlösung zu Abschnitt 1.4.2

a_1	a_2	a_3	b_1	b_2	b_3	c
L	L	L	L	L	L	L
L	L	0	L	L	0	L
L	0	L	L	0	L	L
L	0	0	L	0	0	L
0	L	L	0	L	L	L
0	L	0	0	L	0	L
0	0	L	0	0	L	L
0	0	0	0	0	0	L

6.4. Musterlösung zu Abschnitt 1.4.5 und zu Bild 39

B gewinnt, wenn $(\bar{a} \wedge b \wedge \bar{c}) \vee (a \wedge \bar{b} \wedge c)$

C gewinnt, wenn $(\bar{a} \wedge \bar{b} \wedge c) \vee (a \wedge b \wedge \bar{c})$

6.5. Lösungen der Aufgaben

1.1-1. Eine Zustandsgröße kann zwei verschiedene Schaltzustände annehmen.

1.1-2. Benennung von Schaltzuständen: 1 – 0; L – 0; H – L; P – N; aktiv-inaktiv.

1.1-3. Nein, denn die Lampe c brennt bei jeder Schalterstellung

1.1-4.

a	b	c
L	L	L
0	0	L

1.2-1. Die Operation $c = a \wedge b$ (Durchschnitt, Konjunktion) ist nicht möglich, (bzw. liefert als Lösung nur die leere Menge).

Begründung: Die Flächen (Mengen) A und B besitzen keine gemeinsame Teilfläche (Teilmenge).

1.2-2.

Schaltbild	Schreibweise	Benennung	Darstellung
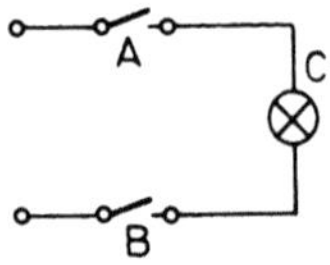	$c = a \wedge b$	Durchschnitt Konjunktion	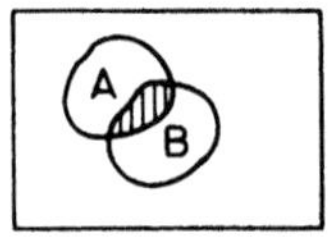
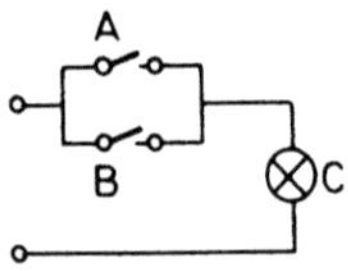	$c = a \vee b$	Vereinigung Disjunktion	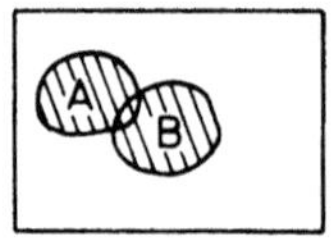
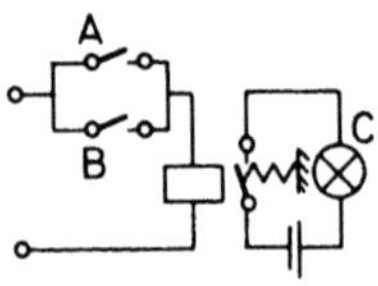	$c = \overline{(a \vee b)}$	Komplement der Vereinigung	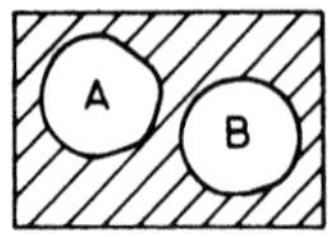
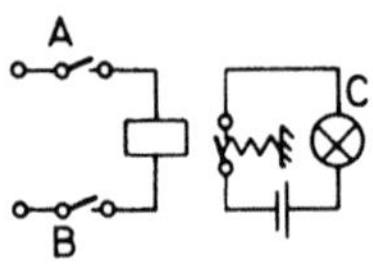	$c = \overline{(a \wedge b)}$	Komplement des Durchschnitts	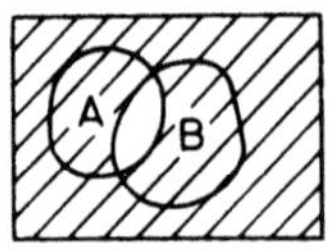

1.3-1. Die vier Funktionen lauten:

$c = \overline{(a \vee b)}$ (NOR); $c = \bar{a} \wedge b$ (Inhibition)

$c = a \wedge b$ (AND); $c = a \wedge \bar{b}$ (Inhibition)

1.3-2.

a	b	c	d	r	s	t = e
0	L	0	0	L	L	0

1.3-3.

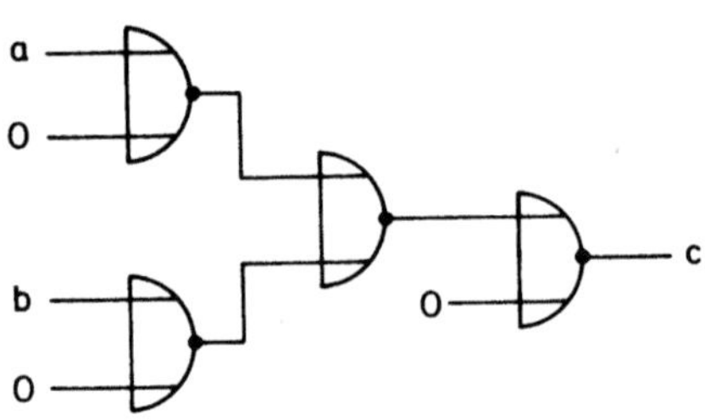

1.3-4.

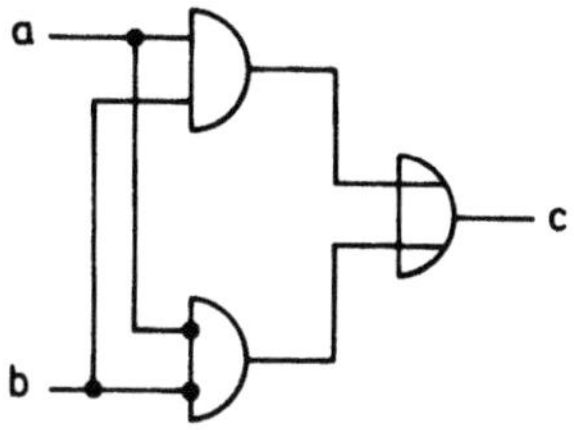

$c = (a \wedge b) \vee (\bar{a} \wedge \bar{b})$

Man bezeichnet diese Schaltung als Äquivalenzschaltung (a = b).

1.3-5. Die Antivalenzschaltung unterscheidet sich von der ODER-Schaltung im Fall a = L und b = L. (Unterschied von exklusivem und inklusivem ODER)

1.4-1. Die falsche Ziffer steht in der dritten Zeile von oben und in der zweiten Spalte von links.

Zeile drei muß lauten: L L 0 0.

1.4-2. Bei der Lösung $B = (a \wedge \bar{b} \wedge \bar{c} \wedge d) \vee (\bar{a} \wedge b \wedge c \wedge \bar{d})$ bleibt die Weiche in den Fällen „keine Vorschrift" (siehe Zuordnungstabelle) in ihrer ursprünglichen Lage.

Bei der Lösung $B = \bar{A}$ nimmt die Weiche in den genannten Fällen immer die Stellung B ein.

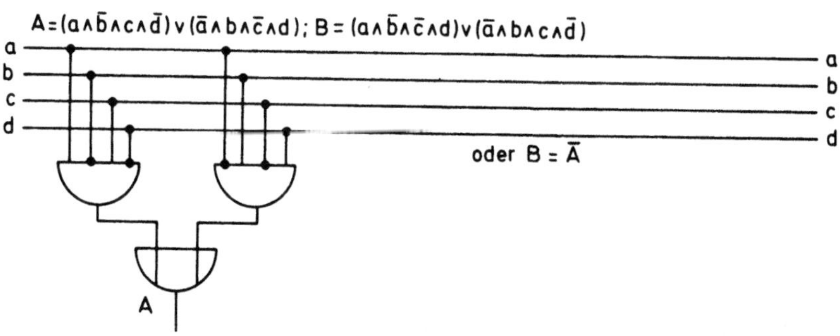

1.4-3. Für die Zahlen $a_1\ a_2 = L\ L$ und $b_1\ b_2 = L\ L$ wäre keine Entscheidung möglich.

2-1.

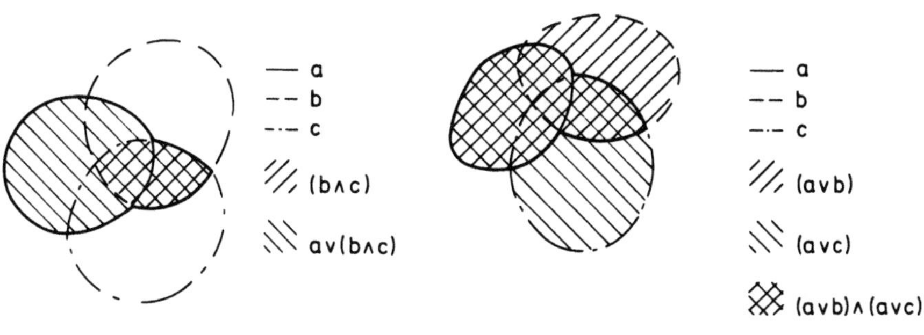

2-2.

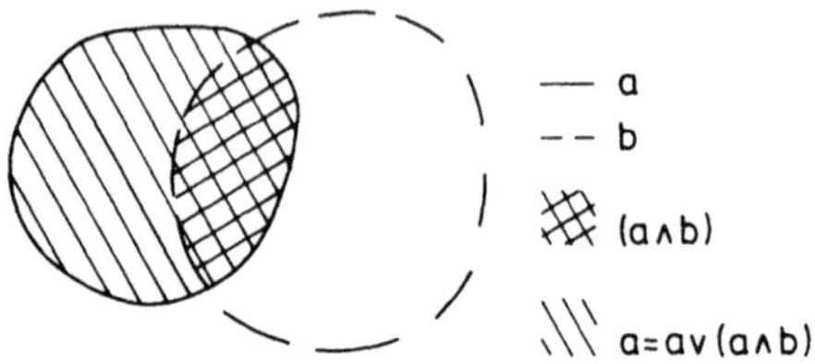

2-3.

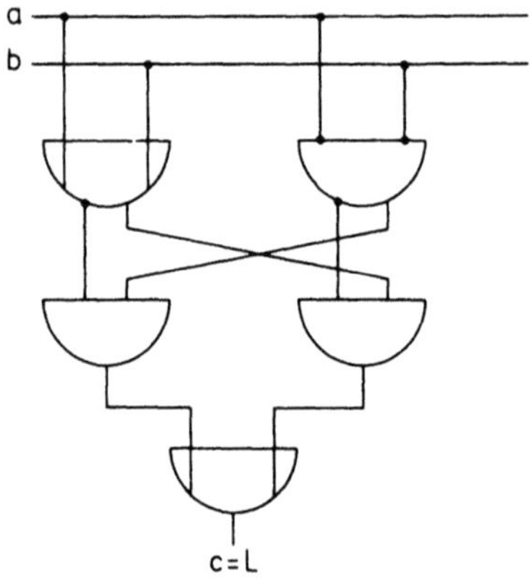

a	b	$\bar{a}$	$\bar{b}$	$\overline{(a \vee b)}$	$\bar{a} \wedge \bar{b}$
L	L	0	0	0	0
L	0	0	L	0	0
0	L	L	0	0	0
0	0	L	L	L	L

2.4. $c = (a \vee b) \wedge (\bar{a} \vee b) \wedge (\bar{a} \vee \bar{b})$

$= b \vee (a \wedge \bar{a}) \wedge (\bar{a} \vee \bar{b})$	(Distributivgesetz)
$= b \vee 0 \wedge (\bar{a} \vee \bar{b})$	(Komplement)
$= b \wedge (\bar{a} \vee \bar{b})$	(Gesetz von Null)
$= (b \wedge \bar{a}) \vee (b \wedge \bar{b})$	(Distributivgesetz)
$= (b \wedge \bar{a}) \vee 0$	(Komplement)
$\underline{\underline{= \bar{a} \wedge b}}$	(Gesetz von Null, Kommutativgesetz)

2-5. Nach De Morgan ist $\bar{a} \wedge \bar{b} = \overline{(a \vee b)}$

$\overline{(a \wedge b)} \neq \overline{(a \vee b)}$, also stimmt die Behauptung nicht.

2-6.

a	b	$\bar{a}$	$\bar{b}$	$\bar{a} \vee \bar{b}$	$\overline{(a \vee b)}$
L	L	0	0	0	0
L	0	0	L	L	0
0	L	L	0	L	0
0	0	L	L	L	L

also stimmt die Behauptung nicht.

2-7.

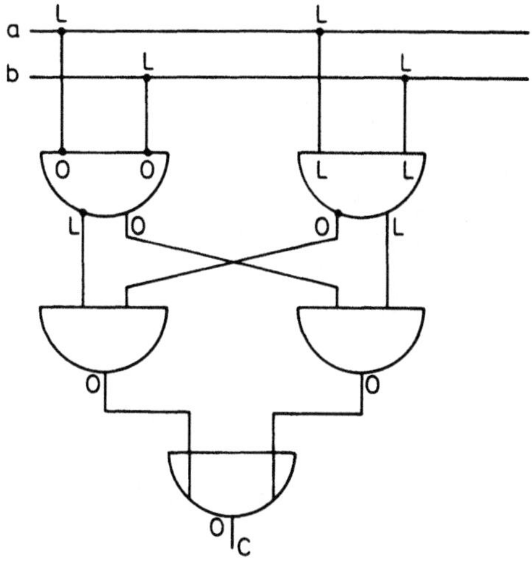

Wenn die Behauptung $\bar{a} \wedge \bar{b} = \overline{(a \wedge b)}$ richtig wäre, müßte die Funktion c immer den Wert L annehmen. Da aber c = 0, ist die Behauptung falsch.

3-1. Die Morsetaste gehört zu den monostabilen Vibratoren (Monoflops).

3-2.

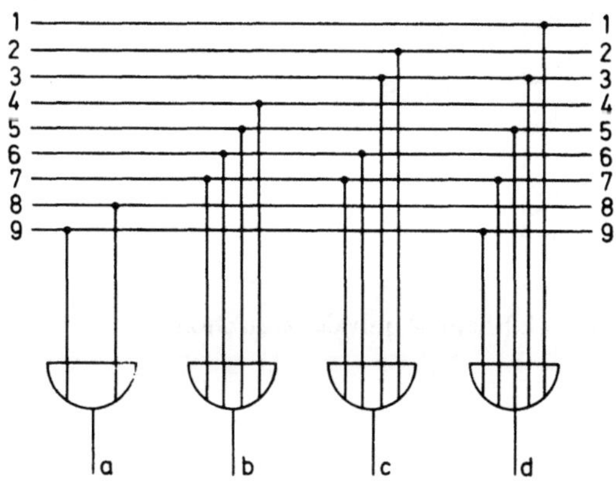

3-3.

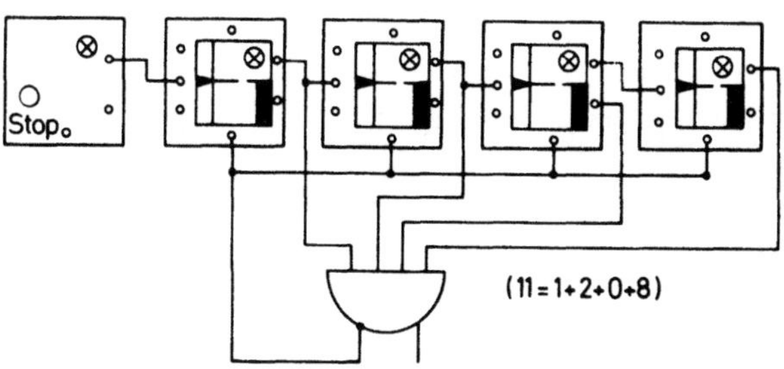

3-4.

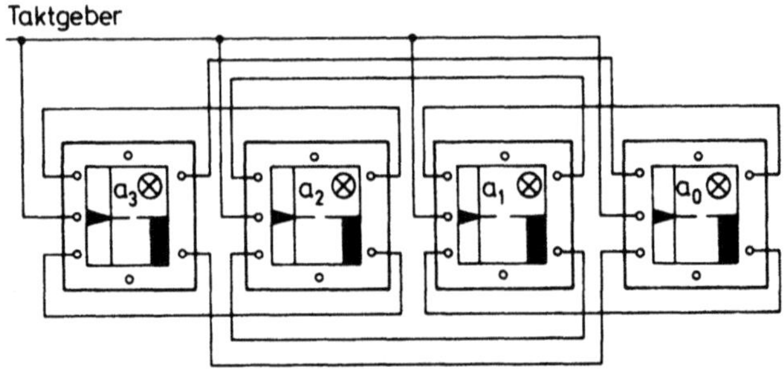

3-5. Der Modulo-Zähler beginnt seine Zählung wieder bei Null, sobald er die vorgegebene Zahl erreicht hat.

Ein Register beginnt seine Zählung erst wieder bei Null, wenn alle Speicherstellen den Wert L erreicht haben.

Z. B. zählt ein Modulo 11-Zähler ... 8 - 9 - 10 - 11 - 0 - 1 ..., während ein Register mit gleichviel Speicherstellen ... 8 - 9 - 10 - 11 - 12 - 13 - 14 - 15 - 0 - 1 ... zählt.

5-1.

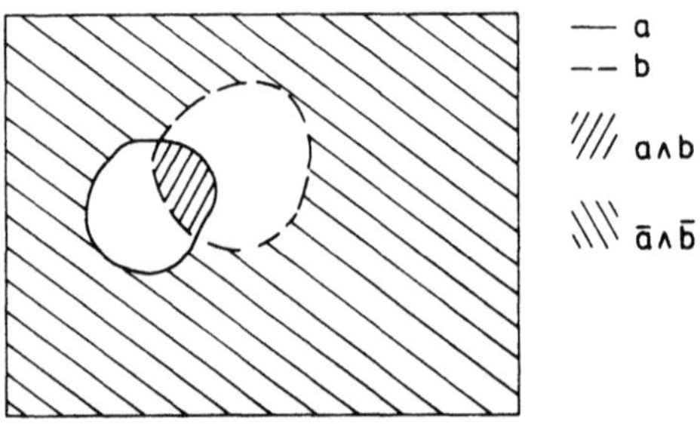

5-2. Die Funktion $c = (a \wedge b) \vee (\bar{a} \wedge \bar{b})$ heißt Äquivalenzfunktion

5-3.

x_1	x_2	y_1	y_2
L	0	0	L
0	L	L	0
L	0	0	L

5-4.

x_1	x_2	y_1	y_2
0	0	0	L
0	0	L	0

5-5.

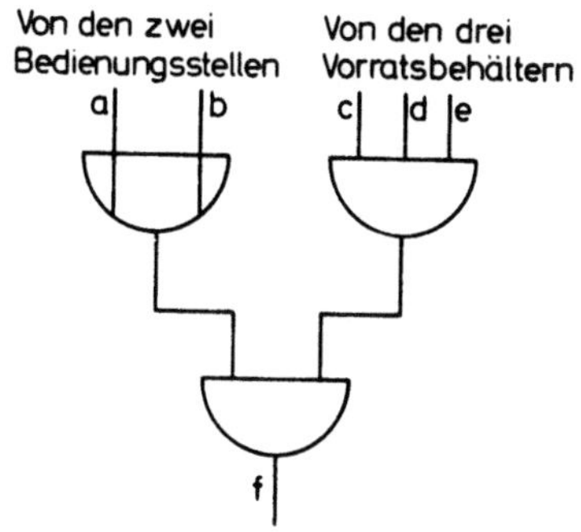

$f = (a \vee b) \wedge (c \wedge d \wedge e)$

5-6.

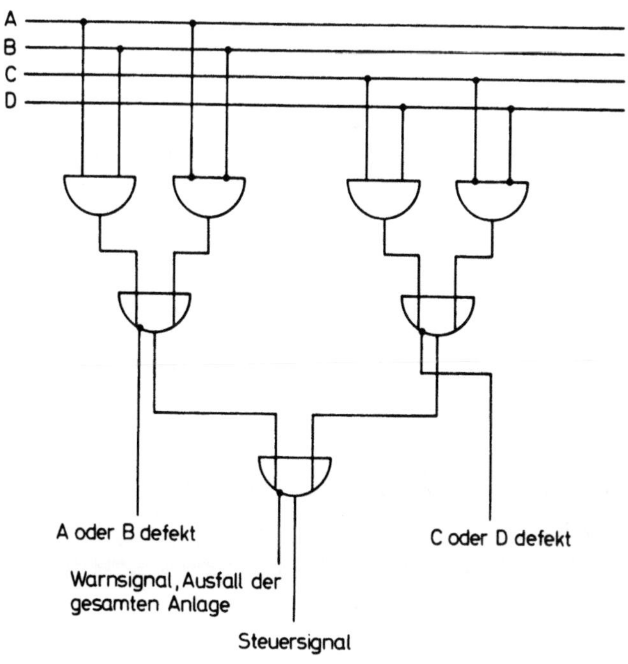

5-7.a

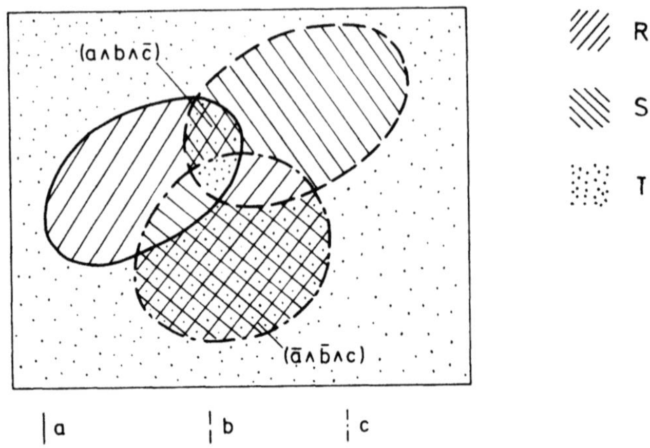

5-7.b

a	b	c	$R = \overline{[(a \wedge c) \vee (\bar{a} \wedge \bar{c})]}$	$S = \overline{[(b \wedge c) \vee (\bar{b} \wedge \bar{c})]}$	$T = [(a \wedge b) \vee (\bar{a} \wedge \bar{b})]$	$e = R \wedge S \wedge T$
L	L	L	0	0	L	0
L	L	0	L	L	L	L
L	0	L	0	L	0	0
L	0	0	L	0	0	0
0	L	L	L	0	0	0
0	L	0	0	L	0	0
0	0	L	L	L	L	L
0	0	0	0	0	L	0

5-7.c $e = \overline{[(a \wedge c) \vee (\bar{a} \wedge \bar{c})]} \wedge \overline{[(b \wedge c) \vee (\bar{b} \wedge \bar{c})]} \wedge [(a \wedge b) \vee (\bar{a} \wedge \bar{b})]$

$e = (a \wedge b \wedge \bar{c}) \vee (\bar{a} \wedge \bar{b} \wedge c)$

5-8.

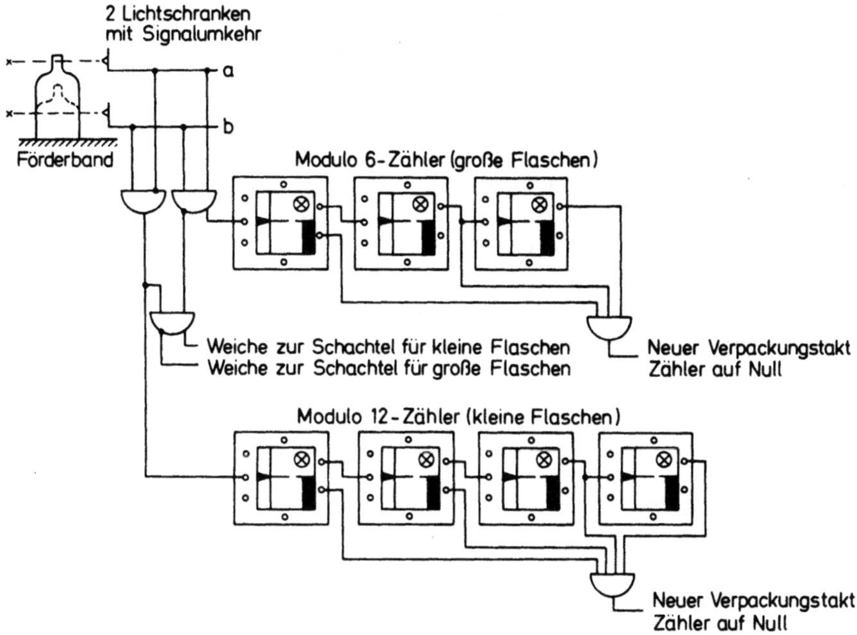

5-9. $S = (a \wedge e) \vee (b \wedge c) \vee (b \wedge d \wedge e)$

5-10.

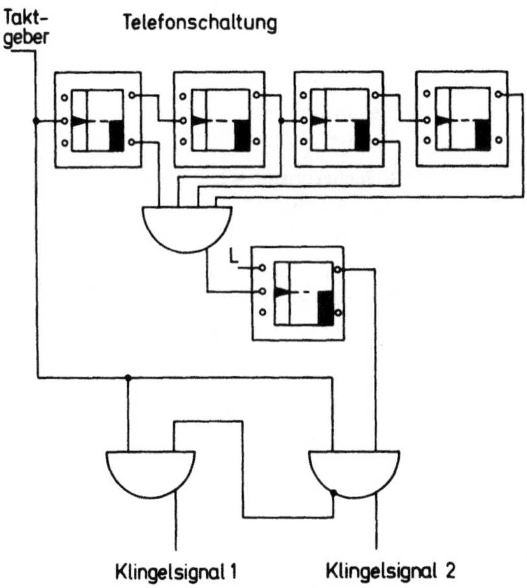

7. Weiterführende Literatur (Auswahl)

Dahncke u. a., Wie arbeitet ein Computer? Band 1 Logikschaltungen, Band 2 Rechenwerke (Vieweg, Braunschweig 1971)

Fleischer, Logische Schaltungen, Teil 1: Verknüpfungsglieder, Teil 2: Speicherglieder (Siemens, Berlin-München 1971) in programmierter Form

Groh-Weber, Digitaltechnik I (VDI 1969)

Harbeck u. a., Boolesche Algebra und Computer (Vieweg, Braunschweig 1974)

Heim, Schaltungsalgebra (Siemens, Berlin-München, 1969)

Leonhardt, Grundlagen der Digitaltechnik (Hanser, München 1975)

Merkel, Technische Informatik (Vieweg, Braunschweig 1973)

Ortmann, Logik- und Fluidik-Steuerungen (Ortmann, Hilden 1973)

Texas Instruments Deutschland, Das TTL-Kochbuch (Freising 1972)

Sachwortverzeichnis

GPSR Compliance

The European Union's (EU) General Product Safety Regulation (GPSR) is a set of rules that requires consumer products to be safe and our obligations to ensure this.

If you have any concerns about our products, you can contact us on ProductSafety@springernature.com

In case Publisher is established outside the EU, the EU authorized representative is:

Springer Nature Customer Service Center GmbH
Europaplatz 3
69115 Heidelberg, Germany

Batch number: 10577876

Printed by Printforce, the Netherlands